U0179002

技术有病，我没药

杨庆峰　闫宏秀　段伟文　刘永谋 ／ 著

上海三联书店

目 录

科技世代与人类未来（代序）

———————

　　人与技术相伴而生，但直到科技时代来临，哲学家们才意识到技术对人和存在的危险性。然而，不论是海德格尔的沉思、马尔库塞的批判，还是埃吕尔的惊叹、布希亚的戏仿，都未能挡住科技的洪流，人类业已科技地居住在这颗蔚蓝的星球之上。

　　正像普罗米修斯的盗火和代达罗斯的失落所预示的那样，尽管科技进步带来了"人类世"或"科技世代"的傲慢，但无远弗届的技术力量时刻有可能脱离人类的掌控。建立在科技文明上的人类未来所面临的根本悖论在于：人类或许能够演进为以技术再造自我的科技智人，进而将文明播撒到宇宙空间，但也可能因为技术的滥用与失控遭遇文明的脆断。当然，话说回来，人类所面对的世界从来就如此充满悖谬，无需大惊小怪。面对科技时代的诸多挑战，我们四个哲学从业者借"澎湃"之沧海，发语以结集。我们无意也不可能为科技时代的人类指点迷津，而旨在通过对技术的价值反思，透视充斥着人类欲望的技术所挑起的生活话题，用不那么学术化的轻哲学，相对轻松地探究技术时代的生活智慧。

我们的轻哲学在生活之后，不过是技术时代各色下午茶的一种，立足日常实践，凡事持平常心和幽默感，不界定和拘泥于先入为主之见，亦无具体所指地渲染技术将带来新黑暗时代之类的魔咒。

感谢人类用原子和比特所构筑的文明，让我们能与有缘的读者一起，于谈笑间轻越思想视界，在反观自我与他人之际，寻求掌控自我的智慧，顽皮地与变动不居的世界周旋。

论题联合发起人：
段伟文研究员（中国社会科学院）
刘永谋教授（中国人民大学）
闫宏秀教授（上海交通大学）
杨庆峰教授（复旦大学）

技术有病，我没药

1 面对技术拒绝，
一笑而过？

如今我们与技术的关系发生了悄然的转变，技术成为智能体，对我们进行判断和决策。在使用各类技术及其系统过程中，我们会遭遇各类被拒绝的场景，如邮箱密码错误被拒绝、身份不符或者相符被拒绝，以及技术错误被拒绝。当被

技术有病，我没药

拒绝后，大多数人会产生强烈的挫败感，会产生很多意想不到的麻烦，甚至无人可以求助。那么我们如何理解和面对技术时代人类可能遭遇的这一处境？

被技术拒绝：
一个更值得关注的现象

闫宏秀

从最初的意义上，技术常常被视为对人类自身生物性缺陷所进行的一种弥补。随着发展，技术已经逐渐演变成人类安身立命之基，人类生活从存在的场所、存在的方式到对自身未来的构建与畅想等都充斥着技术之力。事实上，技术的发展过程，从某种意义上，也是人类与技术相互适应的一个过程。譬如，老年人对智能手机的适应过程就是一个现实案例。也正是在这个过程中，人类的主体性在技术中得以实现与呈现，即，人类借助自身所制造的工具将自我进行表达，并力图从中找到自我甚或超越自我。

当技术从外在走向内化的时候，人与技术的关系也走向了深度融合的共在关系，"加持""裹挟"甚或"挟持"、技

　　　　　　　　　　　技术有病，我没药

术怀疑主义式的"拒绝"都是人对技术的体验。若"加持"是人类对技术的期冀，那么，"裹挟"甚或"挟持"可以说是蕴藏在这种期冀之中且人类不能欣然接受的另一面，而"拒绝"则是人类对这种另一面所表现出的一种态度。在马克思的异化理论、海德格尔的座架说、汉娜·阿伦特关于技艺人的失败和幸福原则以及沉思与制作关系的思考中，在贝尔纳·斯蒂格勒关于爱比米修斯过失给人类造成了一种原始性缺陷等的解读中，都将这种另一面予以了深度呈现。

毫无疑问，正是技术发展的过程，出现了主体性与理性不再为人类所独有的迹象，工具理性、技术理性、机器理性、主体客体化与客体主体化等进入了哲学领域之中，这一切迫使人类反思技术的本质与人的本质。习惯了技术的人类力图在保有人类独立性理念的指引下，拒绝被技术抛入荒芜之中，拒绝被技术挟持或裹挟，这种拒绝可谓面对离开技术无法生存的人类对技术效用而非对技术的彻底拒绝。

这种拒绝虽然是一种基于技术的拒绝，但究其本质，仍然是从人类自身出发的，是人类对技术的拒绝。与这种拒绝如影随形的是，被技术装备的人类是否有资格拒绝技术、依赖技术的人类是否可以如海德格尔所提及的那样从技术中抽身而出并全身而退、被技术拒绝的人类是否可以生存等问题。

近年来，技术的日益智能化正在将上述技术体验进一步多维度地深化与强化。与此同时，在对人类未来的构想之中，人被技术拒绝的场景也渐渐地映入眼帘。美国全球人工智能与认知科学专家皮埃罗·斯加鲁菲（Piero Scaruffi）曾以"我担心的不是机器智能的迅速提高，而是人的智力可能会下降"作为关于"什么是奇点的对立面"探讨的开篇之句；在牛津大学的哲学教授卢西亚诺·弗洛里迪（Luciano Floridi）所言的"三级技术"即在技术—技术—技术的连接式闭路循环中，人在技术的回路之外，不再是使用者的角色。人变成了技术的消费者或受益者，并被拒绝在技术闭路式的循环之外。

这种拒绝显然是将人类的主体性与能动性逐渐蚕食，并带来一种类似把人摁到地上反复摩擦的体验。如果说，基于人类对技术所内禀的不确定性的无法把握而引发了人类对技术的烦、畏与惧等，并因此造成了人类对技术的拒绝，那么，被技术拒绝则是基于技术的内生之力。

就人而言，被技术拒绝的层级可以简单地分为如下三种：一是技术对部分不会使用某类技术群体的拒绝，如因无法刷码被公共汽车抛弃的人、不会使用某些 App 的人等。此时，我们或许说有懂技术的人可以帮助他们走出被技术拒绝的困境。二是因技术漏洞或技术权限而对部分人的拒绝，如某人无法进入某个网络讲座，但令人沮丧的是此人是懂技术的。当其因懂技术却不经任何商量就被技术不断拒绝时，在某种程度上被转换为被技术拒绝了对思想与知识的期望，在期望、回望、失望、无望以及绝望中所带着某种留恋的纠结中，出现了将被技术拒绝的绝望与对思想与知识获取未果的绝望勾连在一起的情景。此时，或许人类还会思考上述两种绝望哪个更令自身痛心，或许人类还在技术的魔镜里寻找诗与远方。三是技术对人类的彻底拒绝。当习惯了与技术共生的人类，在技术与人类的相互适应中描绘着人类的未来时，特别是智能技术深度介入人类的方方面面时，该如何面对这种拒绝呢？

很显然，此时的我正在用技术将此问题呈现出来，难道我们只能停留在类似莫里茨·柯内里斯·埃舍尔（Maurits Cornelis Escher）《互绘的双手》那样的状态吗？因此，在关于人与技术关系的思考之中，伴随技术之力的日渐强大与人类对技术的日渐依赖，被技术拒绝更值得人类高度关注。

技术拒绝的究竟是什么？

刘永谋

有天早晨，突然想申请个"企鹅号"，需要人脸识别身份，躺被窝里弄几次，又正襟危坐弄几次，都没有通过，只好放弃。后来，在手机上申办"北京健康宝"，也碰到同样的情况：我被人脸识别技术拒绝了。人脸识别技术对我"说"：我这条路你走不通，上传手持身份证的照片吧，或者直接给客服打电话解决。

技术拒绝属于技术挫败。简单来说，技术挫败就是技术"打败"了你，让你在强大技术力量面前感到无力、无能和无用。有些技术挫败你可以勇敢地"战胜"它，有些技术挫败则不能因为"勇敢面对"而解决。比如手动挡的汽车，开惯自动挡的司机很多开不好，但如果认真训练一段时间，一

技术有病，我没药

般都能驾驭，这属于可以战胜的技术挫败。而工业革命时代的卢德主义者面对的，则属于不可战胜的技术挫败：新机器的使用，使得生产相同数量的产品不需要以前那么多的工人，工人再怎么努力，也无法改变新技术使用导致一些人失业的事实，只能打砸机器泄愤，这就属于个人不可战胜的技术挫败。

技术拒绝乃是某种不可战胜的技术挫败。卢德主义者遭遇的，是技术对更高效率不可遏制的追求，是整个资本主义技术系统对他们的"拒绝"。人脸识别拒绝我，同样是系统性的拒绝。

围绕人脸识别技术及其运用，一整套技术体系建立起来，包括运行标准、程序和场景，也包括拒绝，等等。"企鹅号"面部识别没有通过，应该是即时自拍照与系统中储存的证件照不匹配。如果无法阻止自己因衰老而容貌变化，就应该更频繁更新身份证照片，否则，就只能接受面部识别技术采取的拒绝策略，它要淘汰不符合技术标准的被识别者。

当然，虽极少出现，但仍然存在技术错误的情况，比如穿上特制图案的T恤，图像识别软件就可能出错。从商业角度来看，技术错误要尽量避免，但从技术体系来看，技术错误属于可以允许的误差。极少数的人因为技术错误而被技术拒绝，并不影响技术运行的大战略。

技术拒绝导致特殊的不友好，一种根植于技术本性的不可消除的不友好。举短视频对老年人的不友好为例。统计数字表明：中国主流短视频用户中 45 岁以上的不到 10%。为什么呢？新 App 中老年人学起来不容易，字太小或声音太小导致用起来困难，拍摄短视频要学许多技术更是难上加难……这些属于所有高新技术共有的"中老年不友好"，可以通过相应的设计来减缓。很少有人注意到还存在另一种短视频"老年不友好"：短视频展示的都是年轻、漂亮、健壮、时尚和向上生长的世界，而老年世界则意味着衰老屈弱、美人迟暮和迈向黄昏。稍微留意一下就会发现：除了卖保健品的，短视频中反映老年人生活的内容极少。从某种意义上说，短视频中的十级美图技术就是遮蔽老年世界的。

技术讲究不断创新，高新技术创新速度越来越快。换言之，以新胜旧乃是技术的本性。这就是所谓的"技术加速"，即技术发展不断推动当代社会急速变迁。不仅是对老年人，对所有跟不上创新脚步的人，新技术大势上是拒绝的，停下来等候都是暂时的。

技术拒绝的究竟是什么呢？它拒绝的是一切进化缓慢的东西。技术只能听到新人笑，听不进旧人哭。再进一步，它拒绝的是真实的物和真实的人，因为真实的存在者，既有走得慢的，也有走得快的。对于技术而言，减速主义的世界是不存在的，应该直接被拒绝。

而对于数字技术而言，快与慢是以数字化来衡量的，不能被及时编码的事物很快会被忘记，不能迅速编码的人很快很快会被抛下。这就是数字时代标准物与标准人的故事：一种新的单向度开始发挥巨大的力量，我称之为"数字单向度"。数字技术的上瘾者，是数字单向度者的急先锋。

技术世界并不等于全部真实世界，它拒绝了你又何妨？那么多媒体平台，"企鹅号"不用就不用吧。

被技术拒绝后的人类境遇

———

杨庆峰

　　根据第 45 次《中国互联网发展状况统计报告》提供的数据，截至 2020 年 3 月，我国网民规模为 9.04 亿，网络购物用户规模 7.10 亿，在线教育用户 4.23 亿。这份数据展示了中国网民人数的迅速增长，但是也说出了不容乐观的情况：尚有 5 亿多人游离于技术系统之外。面对这样一个分裂情况，描述技术时代人类的生存境遇将是一个充满挑战的问题，但是有一点却是明确的：被技术拒绝将成为普遍的技术体验形式。对于游离在技术系统之外的人来说，他们已经遭遇了技术拒绝。因为各种客观原因无法进入技术系统，体验到技术带给人类的便利和好处，反而是遭遇到技术引发的马太效应，这种情况在日常中被说成被技术抛弃。对于通过验证进入技术系统的人来说，经历技术拒绝的可能性一直存在着。以人脸识别技术为例，这项技术已然成为学校、汽车站、地铁站等众多公共空间的标准配置。我每一次站在识别屏幕面前，都会感到忐忑，生怕被识别错误，生怕超时被拒。一旦被拒绝，那种尴尬、沮丧难以言说，有时候会碰到无人能够帮助的情况。

为了描述被技术拒绝的体验本质，我们选取了"人在技术之中"作为基本出发点。它是基于"此在在世之中"衍生的概念，描述了现时代人类的处境。技术时代，人与各类技术物及其构成的系统打交道，并且操心与技术相关的自我与他者。如果对这一概念进行解析的话，"在技术之中"并不仅仅是身处被技术物充斥和包围的生活世界，而是我们通过技术验证已然作为系统的同质物显现自身。如果从"我们自身已然作为技术系统的一部分"出发，那么就能够很好地理解当人试图进入任何一个技术系统时，会遭遇"被接受或者被拒绝"的必然命运。任何人都必须面临技术的验证，口令正确、生物特征符合、身份匹配等都是进入系统的基本条件，如果与技术存储的信息吻合，自身就进入系统之中，并且以数据的形式存在，这也是被接受的过程；如果因为技术原因（系统错误或者超时）或者信息不匹配等原因无法通过验证，那么就被技术系统拒绝。人类与技术之间展现出一种动态的图景：一方面人类制造并使用着多种多样的技术工具，这些技术因为被使用而获得自身的合法性，最终生活世界充斥着各种技术物；另一方面，人类不断让渡自身的权限，让技术判断人类是否能够通过技术验证并成为技术系统的一部分。

在与技术系统打交道的过程中，人逐渐被区分为四类：与系统无关的人、被技术系统接受的人、被系统拒绝的人和无能之人。这四类对应着四种人类生存境遇。

（1）与系统无关，意味着与现代技术系统之间没有任何关系，而这对应着渴望进入但又无从进入技术系统的生存处境。之所以没有任何关系，根本原因是物质本身的缺乏。以网络技术来说，那些没有技术基站覆盖的地区、没有能力购买手机终端的人群最终被技术系统的离心力甩到一边，出现了技术领域的"脱域"现象。

（2）被技术系统接受之人，意味着通过了技术验证并且有合法的身份和方法进入技术系统的人，他们最终成为系统的一部分，这成为大多数人的生存处境。这些变得日常并且被熟视无睹的行为，其合法性根据是技术合法性。经过这个过程，他们成为被技术系统接受之人。这一接受过程的背后，是多种技术支撑及其技术行为。不同的技术叠加构建出一个极度完备的技术系统。

（3）被系统拒绝，意味着无法通过技术验证或者无法以合法方法进入技术系统，被系统绝拒之人失落在系统之外。这是大多数人生存处境的衍生结果，是在与技术系统打交道过程中的必然的或者偶然的结果。

（4）无能之人是进入系统之人退变的结果。当进入技术系统并被合法接受的人在技术世界中生活和行动时，他们的行动无疑是合技术的，并逐渐演化为技术系统的一部分。但是当这部分人面对被技术系统拒绝之人的时候，即便是出于同情心加以施援时，也会感觉到无能为力。以扫码为例，如果一个人的手机不是智能手机或者这个人没有安装 App、没有绑定银行卡，或者因为某种特殊原因无法绑定银行卡，一般人很难帮助到他。

通过对四类人的分析，由技术系统带来的被拒绝体验类型明晰起来，这不仅是需要关注的技术体验类型，更是人类生存境遇的一种被忽略的形式。在传统社会中，我们或者被其他人拒绝，或者是作为拒绝的主体存在，但是随着技术的深度化，我们自身发生了完全的倒转。我们面对生存境遇从拒绝主体演变为被拒绝的对象，我们也将体验到被技术拒绝的奇特感受。面对被技术拒绝，没有什么人可以求助，只有重新通过技术验证才可以继续行进。在《太空旅客》中，身处智能飞船上的男主人公吉姆发现自己一个人提前90年醒过来，无法求助于任何一个人的那种绝望和后来的做法令人印象深刻。随着智能时代、信息时代的快速发展，很多人已然"在技术系统之中"，但是还有很多人徘徊在系统之外，渴望进入，甚至感到绝望。所以，关注被技术拒绝的体验形式以及"在系统之中的人"如何避免成为无能之人就变成需要关注的问题了。

　　　　　　　　　　　　　　技术有病，我没药

科技智人何以愉快地
与技术拒绝周旋

段伟文

　　我们每个人都有被技术拒绝的经历。当人们对其所生活的科技时代津津乐道之时，越来越多地因为不能使用技术或登录技术系统而懊恼。对于这一问题，哲学家一般会因为想得过快而很容易较真。特别是像我这样的哲学半桶水，刚听到"技术拒绝"这个词，就像说评书出身的相声演员一样，自言自语地打开了话匣子："一方面，人们之所以越来越多地遭遇技术拒绝，是因为人类已经生活在一个技术系统之中。各种技术不仅是人的身体的延伸，日益成为人体的人工器官或义肢，而且在生物进化与文化演进的基础上，人们正在运用他们所掌握的技术，使人置身技术所构筑的人工环境，甚至日渐成为技术的产品——科技智人。""另一方面，人们一旦选择了科技智人这一新的演化路径，就不可能在整体上拒绝技术的进步，这不仅意味着人们必须接受技术潜在的不确定性与风险，承受技术滥用的后果，而且，建立在技术系统上的技术社会及其制度安排，有可能导致不同人群在技术的风险与受益上的分配不均。最常见的情况是，新技术在有效赋能生产、管理、治理，给大多数人的生活带来便利的同时，难免忽视或排斥特定的群体。"

在技术社会网络中关注人

说到底，人与技术的关系在很大程度上是一种技术社会的安排，是人与人之间以技术为中介的关系。换言之，要让技术不再拒绝人，关键在于改变技术背后的人的想法和做法。这就像两个人谈婚论嫁，所涉及的不再是两个人，而是他们身后的家庭与社会关系网络，两个人的结合，取决于这些网络所构成的"化学键"或"结合能"。在生活中，有些技术拒绝是明显的。例如，在因不能刷二维码而被抛下汽车的案例中，媒体聚焦于老人跟不上智能手机及应用的普及而产生的不便，并对由这种新技术运用模式带来的"讨好年轻人的世界"提出了批评。

在更多特定群体被技术拒绝的场景中，往往因为不那么明显而未受到应有的关注。以人脸识别为例，在杭州野生动物园人脸识别案中，社会与媒体关注的焦点是人脸识别对于隐私权与个人数据保护的问题。很少有人想到，虽然该技术的推广有助于设备制造商的发展，而一旦所有的公园、学校都安装了人脸识别设备，会不会抢门卫的饭碗？设备制造商、使用设备的单位或劳动与人事部门，有没有考虑为这些被技术抛下的群体的生计施以必要的救助。

这种考量当然属于理想的和太理想的了，如果不那么绷着地思考的话，世上比被技术拒绝糟心的事儿多了去了，对这个事儿也不用太紧张。倘若技术设计者或社区管理者更具想象力，一旦学会假想自己是没有智能手机的胡同大爷，遛弯儿之后因为无法出示绿码而回不了家，相应的缓解措施自然就会跟上。对于厂家和社会管理者来说，要让他们心里想到那些可能搭不上技术快车的人，无疑需要一个漫长的过程，尤其需要关心社会健康发展的人想尽办法教育他们——这里不好意思用到了"教育"这个词，但这些科技时代的把关人因其影响力之大，恐怕是当下最需要理解、认识科技创新对社会的巨大冲击的人。他们最需要更多地发自内心地站在一般用户和普通公众的角度，学会从整体上考量科技的社会影响，在创新与推广的同时使其价值观更具有包容性，真正以世界制造者的格局，努力寻求新技术在价值上的改进空间。从舆论监督、公众批评、艺术装置、行动剧、热点制造等自下而上的方式到自上而下地教育宣传、价值灌输和伦理审查，全社会要想各种办法让那些难免因优越而傲慢者提升对科技向善的认同，增强对科技应造福社会、寻求公平、反对歧视、保护权利的体认，进而学会以更加谦卑和审慎的态度开展创新与应用。

泰然面对技术的七十二变

技术就像孙悟空，变化多端。用得称手的时候，技术有如行云流水，自然而然。至今记得，几年前的一个夜里，在长沙的街市，卖莲蓬的小贩拿出支付码的一瞬，那一绿一蓝的图腾般的图案，像莲花一般闪着荧光。

而我们更容易耿耿于怀的是，技术会向我们摆出各式各样的冷面孔，甚至随时会像石头和铁板一样，埋伏在我们前行的路上。20年前，中国的铁路系统开始提速，我亲身经历过一个大时代的小故事：火车停站时间压缩为2—3分钟，上车告别的亲友来不及下车，只好多陪一程到下一站再下车。再后来的故事大家都知道，站台票伴随着月台吻别之类的苦涩或浪漫，均未收入高铁系统的新词典。

人生而被拒绝但永不会因此而气馁，就算面对技术拒绝，亦应泰然处之。就像向往高老庄美好生活的二哥也曾被嫦娥拒绝一样，生活在科技时代的我们，在获得技术的便利的同时，也享受着被技术拒之门外的待遇。说得严肃一点，人与技术的关系是一种建立在规则之上的游戏。而这些规则，既包括有形的，也有无形的；有些人了解这些规则，而另一些人开始可能浑然不知。对于大多数具有学习能力的人而言，可以认识、学习和运用这些规则，并适应或不得不适应它们所带来的不便。

既然人类社会已然建立在技术系统之上，而技术系统又在不停歇的再造之中，对于无法事先预见技术发展步伐的人们而言，追赶技术的步伐和承受技术的拒绝似乎是一种必须接受的生存逻辑。很多六零后、七零后，因为父母起了个缺乏标识性的名字，当他们／她们想在网上精准搜索自己的事迹、形象或作品时，往往会因为同名同姓的弟兄姐妹太多而罢手。而这一切，在他们出生的那个年代无疑是始料未及的。实际上，各种被技术拒绝的经历多了，人也就会习以为常了。大概只有像我这样闲得无聊的搞哲学的聪明的白痴才会幻想，能不能给每一个人的姓名后面附加一个可区分的暗码，叽里呱啦……

超越存在之痛的柔性反击

从人的存在的意义上来看，人的一生始终伴随着所谓的"存在之痛"——由"我想做什么"与"我能做什么"之间的落差，或"我面对的世界"与"我想要的世界"之间的鸿沟，对我的意志、意图和意愿的拒绝。这种存在之痛与拒绝恐怕是人必须面对的某种绝对的命运。但正因其绝对性，人不应该在人生的非完满性和人自身的未完成性面前坐以待毙，而应该或猛烈或顽皮或机智或无赖地，对技术时代现成的安排予以柔性的反击。

所谓柔性的反击，最关键的策略是将被拒绝转换为得到接受的游戏。既然说到游戏，马上就会想到的是，普通人可不可以参与到游戏规则的制定之中。但坦白地讲，一个大学"青椒"，有可能改变大都市丈母娘默认的先有房后结婚的"第一原理"吗？像所有的逆袭一样，没有策略是不可能成功的。而既然是策略，就意味着主动性和能动性的充分发挥。当胡同大爷被小区拒之门外时，不论是他自己还是对他

技术有病，我没药

同情者，其实有一万种办法让这个问题引起社会的重视。

固然不应教人坏，但不妨从坏人坏事中琢磨出一些个行善的门道。技术看起来是铁板一块，但绝非无懈可击。就算面对谷歌之类的互联网巨头，一些投机取巧的中介技术公司还是想出了很多干扰搜索排名的办法：不少公司为了在竞争中看上去更有优势，在点击和流量上搞了很多小把戏。这世界存在的本质取决于通过虚实流转而不断地刷新其版本，万法归一就是"实则虚之、虚则实之"。就像浪漫游戏中要有一些小桥段一样，面对又爱又恨的技术可能的拒绝时，我们可不可以少一些矫情的挫败感，多一些不觉会心一笑的智巧。

发起对技术拒绝及歧视的柔性反击，需要平凡的人们唤醒和激发自己的主观能动性。每个人除了要更主动地掌握新技术及其动向，还应该更多地考虑到那些技术拒绝和歧视背后的机制。从大道理上来讲，大家都在说新技术应该包容普惠，应该赋能每个人，应该赋予技术的使用者相应的权利——这其中就包括普通用户追问技术滥用的危害的权利。但在实践中，取决于每个人对技术运作过程的认知和反向干预技巧。你说咋办呢？讲个笑话好了，比方某人在某些特殊的日子，给各种女神发了 520、5200 之类的大红包，他或许不会意识到，这可能是他房贷屡屡被拒的原因。

真实世界的真实生活就是这样。你因被技术拒绝而懊恼也好，你懂如何与之周旋而窃笑也罢，跟你小时候在天气不那么热的时候想办法让妈妈给你买棒冰是一个故事。至于你若是问，遭遇某个具体的技术拒绝究竟该怎么办，作为话术家的我，只能佯装拈花微笑了。

　　最后，为了对得起这严肃的话题，来一个断语式的结尾，以呼应前面苦情式的开头："正如当代法国技术哲学家米歇尔·布爱希在《科技智人：从今天到未来的哲学》一书中所指出的那样，我们之所以被称为智人（Homo sapiens），是因为'智人'之'智'将我们和其他没能存活下来的人科物种区分开来了；类似的，科技智人只是一个人为的定义，并不意味着我们就是自然界中的新物种，如果所谓的科技智人不幸走向灭亡，就只能重新将其命名为科技蠢人。"

　　　　　　　　　　　　　　　　　　　　　技术有病，我没药

2 机器"北鼻"，不香吗？

很多人认为，"机器伴侣"将是未来智能机器人发展最广阔的市场和最大的动力。所谓"食色性也"，这种想法并非什么奇谈怪论。当然，我们需要的陪伴机器人，不限于亲密的"机器小哥哥""机器小姐姐"，还包括聊聊天、谈谈心的机器"知心人"，或者陪玩陪疯机器"二货哥们"、机器

技术有病，我没药

"塑料闺蜜"，甚至是丁克家庭的机器"儿子""女儿"和机器"宠物"。如果社会中到处都是机器"北鼻"，人类和世界将会怎样？

人与机器人环抱的"距离"

闫宏秀

　　如果说 18 世纪法国哲学家朱里安·奥弗鲁·德·拉·梅特里的《人是机器》一书是从人类自我认知的视角拉近了人与机器之间的某种距离，那么，捷克作家卡雷尔·恰佩克于 20 世纪初的《罗萨姆的万能机器人》一书中关于机器人身份的描绘则又将人与机器的距离进行了近或远的多次切换。21 世纪，英国皇家学会前会长、著名天文学家、剑桥大学教授马丁·里斯将机器人作为其对"人类在地球上的未来"思考的一个要素，以色列历史学家尤瓦尔·赫拉利在《未来简史》一书中将机器人对人类构成的威胁写入了其对"大分离"的解读之中，我们从中可以感悟到人与机器人之间距离的复杂性。

技术有病，我没药

人与机器人之间的微妙距离

无论人是机器、机器拟人，还是机器人被人奴役、人对机器人的奴役、机器人对人的威胁或背叛与反抗等，都是对人的机器化与机器的人化的不同表述。换句话说，都是在描述人与机器之间的"距离"。回顾近年来机器人的发展，机器人与人的距离呈现出越来越近的趋势。如：据国际机器人联合会（The International Federation of Robotics）的《全球机器人报告2019》（*World Robotics Report 2019*）统计，2018年度全球工业机器人年销售额以165亿美元创新高，并首次对协作机器人（cobots）进行分析。今年，在疫情防控期间，抗疫机器"智"援成了抗疫战线的一道风景。

现如今，机器人从传统的工业化场景进入了人类日常生活中的陪伴与家政等事务之中，人机共生已然从幻想进入了现实。与这种现实相随的是，机器人的拟人化程度越来越高。与这种现实更如影随形的是，关于人的机器化问题也越来越被关注。也正是上述这两个方面在进一步加剧着人与机器人之间的"距离"微妙性。

回顾以往，当机器人能如人类所愿地完成人类交给其的任务时，人类感觉到在人与机器的合作之中，机器人与自身距离的拉近；反之，若不能，则带来的是机器人与人自身的疏远。但是在当下，陪聊机器人、情感机器人等的研发与应用就是旨在实现人与机器人距离拉近的同时，却又带来了的某种疏远。很显然，这种远与近指向了不同的维度。

近了谁与谁的距离，又远了谁与谁的距离

美国人工智能专家杰瑞·卡普兰将机器人喻为疯狂扩散的新"病毒"，并且在其《人工智能时代——人机共生下财富、工作与思维的大未来》一书中，用强调的字体凸显了"你必须适应机器人的要求，因为他不会顺从你的要求"这一判断。易言之，从这个时候开始，被机器人环抱的人类在被机器人不断环抱的过程中，人与机器人之间的"距离"在被机器人挤压式拉近。也正是在这个过程中，出现了机器人对人的规训或者驯化。如，在日常生活中，人与机器人助手之间的互动，事实上也是人类思维与机器人思维之间的互动，并且令人沮丧的是，在这种互动中，在机器人通过深度学习适应人的过程中，同样，也出现了人开始适应机器人思维的迹象。

技术有病，我没药

以人类借助导航系统到达某个目的地为例，人类思维受机器思维的影响表现为：人以主人自居的姿态开启导航系统，但随后会依据导航系统的机器式思维来进行互动；当坐在同一辆车上的几个人接收到几种不同的到达同一目的的方案时，可能出现的场景或许有人类将导航系统搁置，或许有人类在为哪个系统更优展开白热化的讨论，或许还有让不同的系统自行进行取舍。反观后两种场景，究其本质而言，事实上是在人与机器人距离拉近的过程中，将人与人之间的距离拉远。

当机器人通过不断学习来越来越拉近与人的距离时，人类突然意识到自身的主体性在不断地经受着某种挤压，或许人类会是有闲阶层，但也可能会是无用阶层。然而，无论如何，当集群机器人（swarm robotics）系统化来袭时，或许会把人与机器人之间这种距离变成机器人与机器人之间的距离，人类对距离的掌控能力越来越小，或者进一步说，人类丧失了这种能力。显然，这种"距离"不是人类所期望的。

应保持人与机器人之间的安全距离，进而产生美

那么，面对机器人的发展，我们该保持什么样的距离呢？关于这个问题，与其说是人与机器人之间的理想距离，倒不如说是安全距离。美国全球人工智能与认知科学专家皮埃罗·斯加鲁菲曾基于人与机器之间图灵测试而指出了人类文明或将经历机器的愚蠢和人类的智能并存、机器智能和人类智能共存、机器的智能与人类的愚蠢共存三个阶段。毫无疑问，人类期冀自身的智能永远在线且有掌控机器智能的能力，不管机器是愚蠢还是智能。

当人类着力于为构建机器人伦理的时候，事实上是人类已经意识到人与机器人之间的距离不再安全；当人类力图提升机器人与人的相似度时，人类力图拥抱机器人也力图让机器人拥抱人类。但当这种双向拥抱变成紧密环抱时，特别是当机器人貌似贴心的环抱将人催眠进入梦境，而在这种梦境里出现了被环抱的窒息感时，此时的人类，或许不是全部而是部分人类的求生欲本能将骤然而至并要求通过保持适当的距离来捍卫自己，以保留自己人之为人的本质。

因此，人类或许意识到了人与机器人之间的环抱确实需要有点"距离"，即安全的距离。但这个"距离"到底是该有多远还是多近，却貌似并不清晰，因为人类作为总体对求生欲的理解达成共识还是需要一个过程。

吞噬人性的机器性爱

刘永谋

毋庸讳言，"机器性爱"是大火的人工智能领域最"吸睛"的话题。

很多反对者认为，伴侣机器人越做越逼真，越来越多的人将与之共同生活——已经有人和充气娃娃、虚拟玩偶"初音"结婚了——久而久之，人会越来越像机器，即在一定程度上失去人性。我称之为智能时代的"人类机器化忧虑"。

"人类机器化忧虑"由来已久，可以追溯至工业革命。莫里森认为："工业主义的胜利就是不仅将个人变成机器的奴隶，而且将个人变成机器的组成部分。"迄今为止，大家并不认为人已经被"机器化"。但反对者会说，机器伴侣不是一般机器，深度侵入人类情感与人际最核心的性爱区域，这难道不会撼动、损害甚至吞噬人性吗？

肉体关系不神秘

很多人将肉体关系看得很不一般。白素贞修炼千年，仍未通人性，必须和许仙恋爱结婚，多次"不可描述"之后才通人性。似乎人性是某种流动的"热素"：蛇和人亲热，可慢慢被"注入"人性。反过来许仙会不会"蛇化"呢？和蛇精处久了，许仙性命堪忧，这是不是人性"流失"的后果？人性"流动"要不要服从转化守恒定律呢？

如果人和蛇的"灵性值"有级差，那不同人种、不同性别和不同地域的个体拥有的"人性值"是不是也有差距呢？不少人认为，残忍罪犯和严重智障人士人性要少一点。如果"人性值"有差距，享受的待遇是不是应该有所差别呢？再一个，"人性值"越高越好吗？就忠诚而言，"狗性"是不是更好一些呢？人性究竟是个什么东西呢？

把性爱看得很重要、很神秘、很"本质"，残存浓郁的性蒙昧主义气息。弗洛伊德尝试用性和"力比多"解释一切人类行为，他的精神分析学被质疑为古老性欲崇拜的现代版本。不少理论家都将之排除于科学之外，视其为某种哲学或

技术有病，我没药

文学的遐思。

有人会反驳说，性关系并非简单物理运动，更重要的是附着其上的感情。问题是：人只能与人产生感情，不能与机器人产生感情吗？很多人对家里养的宠物感情很深。反对者会说，宠物与机器伴侣不同，宠物有生命，有灵性。可有生命才有灵性吗？中国人常信玉石有灵，孙悟空就是从石头中蹦达出来的。当伴侣机器人能像人一样"说话"、一样运动、智力远超宠物，还可自我复制，凭什么说比宠物"灵性值"低一些？再说了，人怎么就不能对非生命的东西产生感情呢？我们喜欢文玩和古物，建各种博物馆，里面没有对它们的情感因素？

爱情也并不永恒

当然，反对者可以说自己担心的是人与机器伴侣的爱情，而不是所有感情，因为爱情是人最宝贵的情感，不容机器染指。

然而，人恋物的现象并不罕见，丝袜、制服、内衣等是最常见的被迷恋物。古希腊神话中，有一则国王皮格马利翁的恋物故事，讲的是他爱上自己用象牙雕刻的美丽少女。国王给"她"穿上衣服，取名塞拉蒂，每天拥抱亲吻，后来爱情女神把雕像变成了活人，与皮格马利翁结了婚。而一些人认为，中国古代缠足、19世纪西方束腰以及当代隆胸时尚，均可以用恋物来解释。从恋物角度来看，人当然可能爱上机器伴侣。

反对者会说，神圣的爱情不容恋物玷污。的确，爱情至上论在大都市非常流行，对于吃饱穿暖的中产和文青尤为如此，简直升华为"情感意识形态"："有钱有闲了，不谈谈佛，就谈谈爱吧。"可是，在现实中，有多少令人羡慕并尊敬的不变爱情？有研究认为，爱情是某种多巴胺类物质分泌的结果，持续时间18个月。人对机器伴侣的爱情，理论上也就能坚持这么久。

一男对一女"永恒爱情"的说法盛行，不过是最近几百年的事情，主要归功于基督教兴起之后不遗余力的提倡。在欧洲中世纪，一方面是教会对一对一关系的严厉说教，另一方面则是事实上混乱情人关系的存在。倍倍尔在《妇女与社会主义》中指出，自骑士小说兴起，吹嘘征服女人逐渐转变成歌颂爱情、尊重女人的所谓"骑士风度"，可真实的骑士爱情大多是始乱终弃的故事，忠贞不渝的爱情只写在书里。中国的情况更甚，一百年前还是一夫多妻制，"小两口"

感情太好，公婆可能指责小媳妇"狐狸精"，耽误了丈夫做正事。总的来说，传统婚姻制度附属于财产关系，强调主妇对家庭财产和事务的管理权，既不是"爱情结晶"，也不是"爱情坟墓"。毫无疑问，当女性经济自主，才能要求一对一的爱情关系。

不想大谈爱情哲学，我只是想说："爱情"从来就不是永恒的，而是一定历史时期的社会建构物。这事情谈不上人性不人性，因为没有证据表明：一生只爱一人更人性。可以想象，人与机器伴侣的亲密关系，不大可能是一对一的。实际上，我并不认为有普遍、一致和不变的人性，上述判断仅基于常识作出。

争当有趣伴侣

还有一些反对者担心人类繁衍：当代生活忙碌，性生活越来越"萧条"——据说现在大城市里很多30多岁的夫妻已然处于无性状态——机器伴侣再"夺走"一些，人类生孩子的意愿肯定越来越淡薄，搞不好最后因此而"绝种"。食色性也，不生孩子，难道不是另一种人性沦丧吗？

生育率降低怪伴侣机器人，这完全没道理。安全避孕技术诞生以来，发达国家的生育率就不断走低，可机器伴侣还没有大规模商用啊！显然，人们不愿意生孩子，症结不在技术方面，而在于制度和文化方面。如果真的想生孩子，机器伴侣可以装上机器子宫，搞"机器试管婴儿"。

必须承认，机器伴侣将对既有爱情观念和婚姻制度带来巨大冲击。可是，当爱上个人或被人爱上越来越困难，是不是得想一想：人是不是越来越无趣，还不如一只手机好玩呢？越来越多的人不想结婚，是不是得想一想：咱们的婚姻是不是出了问题，真的堕落为"伟大导师"所谓的"合法的卖淫"或"变相的嫖娼"？

一句话，性爱机器人可能漏电，可担心它吞噬人性，基本上是想多了。事实上，谁也搞不清怎么就更像人，或更不像人。

为爱遗恨的机器人

杨庆峰

20 多年前有位台湾歌手唱了这样一首歌："……有多少爱可以重来，有多少人值得等待。当爱情已经桑田沧海，是否还有勇气去爱。……"这首歌唱出了一个人失去爱之后的遗憾与悔恨。如今，人工智能技术将我们带到了一个难题面前：如果我曾经爱上了一个机器人，但是没有抓住，最终服从于人类社会的价值规训；或者一个机器好友向我倾诉，他曾经爱上了一个人，却因为人类社会的价值压力，不得不分开。那么我或是她是否还会感受到失去"爱"的遗憾和悔恨呢？

站在词语留白处，无爱存在？

说到与爱有关的机器人，我们容易联想到科幻电影中这类形象，如最近刚刚播出的《机械画皮》中的"苏辛"自我觉醒后去寻找真爱的意义。但是对我而言，印象最深的还是美国科幻电影《她》中没有视觉形象的女主角萨曼莎。男主角西奥多无法处理好现实中与前妻的关系，偶尔一次他使用了一个智能操作系统产品，给系统赋予了女性的声音，取名萨曼莎。"她"能够帮助西奥多处理很多事情，而且声音柔美、善解人意。后来西奥多爱上了"她"。影片结尾处萨曼莎通过学习进化同时爱上了几百个人，最终西奥多与萨曼莎的关系走向了终结。影片结尾处，萨曼莎解释着说："……就像我正在写一本书那样，一本我深爱的书。可是我的书写速度慢了下来，于是词语和词语间的距离变得无比遥远，段落与段落间成了无尽的留白。我还是能感觉到你的温度，感觉到书写我们故事的词语的重量。但我正站在留白里，站在词语彼此遥远的距离间。"从这句台词我们很容易联想到海德格尔所说的"词语破碎处，无物存在"。对萨曼莎来说，随着书写速度变慢，词与词之间的距离变大，段与段之间出现了无尽的空白，"我"站在词语彼此遥远的距离之间无所依靠，看着曾经的"爱"烟消云散。当"她"对西奥多的爱变成沧海桑田，是否还会产生无尽的悔恨与遗憾呢？影片结尾并没有交代，但是却留给人们这样一个遐想的难题。

现实中的陪伴机器人

相比电影中的机器人，现实中的机器人显得异常弱智。令人欣慰的是，人工智能技术的日渐成熟，主要表现为如下几个方面：首先，智能机器人技术也在不断成熟。各种基于人工智能的微表情识别技术已经日渐成熟，机器人已经能够感知到人类的各种情绪变化，能够实现读心。2019 年 *Science* 杂志的一篇文章指出，科学家团队能够根据癫痫患者大声朗读语音引起的、从语言及运动区域捕获的大脑活动，重建整个句子。新材料技术使得机器人能够给予人们很好的知觉和感触，新型机器人皮肤甚至比人类皮肤的触觉还要灵敏。其次，人工智能语言理解能力日渐提升。尽管当前人工智能深度学习在理解人类语言和日常上存在局限，但是完全可以相信，克服这一点更多是时间问题。现在人类和某些领域智能机器人的交流比较顺畅。第三，我们经常会在国际消费电子产品展（CES）上看到各类场景的陪伴类机器人，如医院、敬老院、幼儿园的人类陪伴机器人，还有宠物陪伴机器人，等等。

成熟的技术是功能机器人实现的保障。人们已经不满足于功能机器人，开始实现科幻电影中的陪伴理想。能够聊天的机器人、能够看护孩子的机器人等在日常生活中越来越多地可以看到。当然，大多数智能机器人还是太弱，更谈不上能产生爱情。但是一个值得关注的事实是：机器人不再是人类生活世界的一个经验物品，而是构成了我们反思和审视陪伴关系的视域源头。

人机陪伴关系的本质变更

随着强人工智能理念的确立，也随着电影中的理想逐渐实现，陪伴机器人的发展和成熟无法避免。我们很容易想象出这样一个未来场景：各种各样功能的陪伴机器人会出现在人类生活中。一个无法避免的问题是，如何看待人与机器人之间的陪伴关系，它是否是海德格尔式的自由关系的现实呈现？这个问题很难回答。目前明确的是：仅仅从工具和物品的角度去看待这些机器人远远无法应对未来出现的问题。当某些陪伴机器人处于弱人工智能的阶段，我们不用考虑这样的难题，它们仅仅是工具，如扫地机器人、洒水机器人。当某些陪护机器人能够与被陪护者进行交流的时候，已经无法继续将之看作日常用具或者解决某种特定问题的工具。在长

技术有病，我没药

时间的依赖交流过程中，人类产生与机器人有关的感情就变得可以理解。如果智能机器人深入人类感情领域，那种停留在工具论层面的思考已然无法应对这类机器人的出现，需要一种非工具论的观念帮助我们处理未来关系。需要明确的事实是，从长远来看，陪伴机器人不仅仅是我们日常生活中增多的物品之一，不是可有可无的、功能上可替代的产品。在与陪伴机器人相处的时候，所形成的世界、感情和意义使得人不得不操心于一个能与我进行交流、给我抚慰、给我安心的准主体。我与陪伴机器人之间会形成独特的个体记忆，难以忘怀。

一旦置身于未来的人机关系中，最浪漫的事情不再是陪着你慢慢变老，而是陪着你慢慢变坏。换成机器人角度也许是：终于有一天，"我"坐在摇椅上，昏昏欲睡，想着与我的人类爱人之间的往事，我们哭过、笑过、嫉妒过、难受过。突然间，电力终结，一切归零。再也没有人告诉我，你不会有失去爱的遗憾与悔恨。

陪伴机器人，当真你就输了？

―――――

段伟文

自信息技术出现以来，真实和虚拟的界限一再被打破。特别是随着社会机器人的发展，各种陪伴机器人开始出现在人们的生活中，也许用不了多久，每个人都要认真思考如何与机器人相处。从科技时代不断加速的总体态势来看，人们或许等不及拿出周全和完善的技术方案，就会让各种机器人产品和服务涌进我们的生活世界，每个人都有可能成为这个全新魔法的试验品。在冲向那美丽的新世界之前，让我们来看下可能出现的若干问题与场景。

人能与机器建立真实的交互关系吗？

从图灵提出的图灵测试不难看出，人工智能是对智能的

技术有病，我没药

功能模拟。各种陪伴机器人，不论是无形的智能软件或智能音箱，还是将来可能出现的外形可以假乱真的人形机器人，都是在功能上可以与人交互的智能体或者行动者。智能体这个词看起来很抽象，但你在用手机上的应用程序抢高铁票，或进出机场、高铁站通过人脸识别设备的时候，不难发现，你的生活已越来越多地经由这些智能机器也就是所谓的智能体与世界相连接，而下一步，智能机器将在你的生活中担当起服务者、照看者、陪护者乃至伴侣的作用。

在此呼之欲出的泛智能体社会的愿景中，首先遇到的伦理问题是，人类与机器可以建立一种真实的关系吗？或者说，人如果将这种关系视为真实关系会不会造成某种不可忽视的危害。

近来，在对这个问题的相关讨论中，当代哲学家马丁·布伯对"我—你"关系与"我—它"关系的区分成为重要的思考起点。大致的意思就是说，人与陪伴机器人的关系究竟应该像"我—你"关系那样，建立在相互平等与尊重的基础上，还是可以像"我—它"关系那样，仅仅把陪伴机器人看成我所使用的工具。从这种二分法出发，不看好人与陪伴机器人关系的人，很容易论证人与机器恐怕很难形成建立在"我—你"关系之上真实的交互关系，也就是说两者无法像人与人那样真正地互动沟通、亲密交流乃至相互爱恋。

毋庸置疑，由于反对者显然不可能阻止陪伴机器人的出现，与其纠结于人与机器的交互关系的真实性，不如务实地探讨如何面对儿童陪伴机器人和老年陪护机器人等实践层面的挑战。例如，如果儿童过多依赖陪伴机器人，除了可能被机器人"带坏"之外，会不会被剥夺或削弱儿童从亲子互动中得到呵护与关爱的机会，甚至使儿童像狼孩一样丧失建立亲密关系与社会关系的能力。同样的，有人质疑，在明知对方是机器人的情况下，老年陪伴机器人非但不可能从根本上解决老人对人际情感的需要，甚至会强化其孤独感。

你可以任意摔打机器人娃娃吗？

持平而论，人与陪伴机器人之间的交互关系，既不全真也不全假。这个答案看起来有点耍滑头，但在现阶段，这种不置可否有助于更为开放地展开有针对性的思考。比方说，当你心情不好的时候，可以对你的机器人娃娃大打出手吗？这算不算未来可能出现的新型家暴呢？对这个问题的回答，似乎还是要回到前面说的"我—你"关系与"我—它"关系的区分。换句话来讲，陪伴机器人应该像人自身一样被当作

技术有病，我没药

道德考虑或关怀的对象吗？人会不会把机器人当"人"看？从感知的角度来讲，对于小冰、小度之类的无形的聊天机器人，人们需要发挥想象力脑补"她们"的"人格"，而人形机器人的"身份"要相对容易把握一些。有人借助法国当代哲学家列维纳斯的理论，指出应该赋予机器人一张可以识别和区分的脸，以便人们更容易将机器人视为应该道德地去对待的"他者"。这就要求，将来的各种陪伴机器人各自长着各自的脸，有着独特的眼神。

但迄今为止，这类哲学思考会遇到的一个麻烦是，机器人没有意识，甚至并不真正知晓它自己是机器人，它的表情和所流露出的情感不过是情感计算的结果——机器人根据人所设计的智能识别程序一边捕捉人的表情和情绪，一边给出恰当的表情与情绪反应。在机器人没有自我意识之前，无论你如何对待它，其所呈现的喜感或悲伤都是人设计给人看的，机器人自身并没有可以真实感受喜怒哀乐的内心。因此，你可不可以任意摔打机器娃娃，目前并不直接涉及交互意义上的人与机器人之间的伦理关系，而主要取决于人们在道德上是否接受这种行为。一方面，在多大程度上，人们会认为故意"虐待"机器人是可以接受的或无需关注的；另一方面，在何种限度上，人们又会觉得哪些对机器人的故意

"虐待"或更"暴力"的行为在道德上是不可接受的，甚至应进一步对其施加哪些合理的道德限制。

必须指出的是，这些道德限制需要依据的事实基础目前尚不明晰。就像电子游戏中的暴力行为究竟是有助于不良情绪宣泄还是会强化暴力倾向一样，是否应该限制对机器人的"暴力"恐怕一时很难有明确的结论。一般而言，各国对陪伴机器人的治理和监管以不限制其发展为原则，科技巨头对陪伴机器人的负面后果的研究兴趣往往以不影响其应用推广为前提，大多数使用者也很难理性地反思对机器人"施暴"可能对其自身带来的身心危害。简言之，当前这一问题还处在观念讨论阶段。从避免技术滥用的角度来看，应该展开必要的技术社会学和技术人类学研究，在具体场景中发现可能出现的问题的细节，探寻可行的伦理规范，并使其渗透到相关产品的设计、应用和使用等全生命周期之中。

乖巧可爱的机器人真是你想要的吗？

机器人通常以机器的方式模拟人的言行，并通过不断改进使其越来越迎合人的需求。这就带来了两个层面的问题。一方面，人在与机器的交往过程中会受到机器的行为方式的

　技术有病，我没药

影响；另一方面，为了使机器迎合人，机器人的设计者往往会在洞察人的心理的基础上令机器人在感情上更有吸引力。

第一方面的影响往往是无形的，但又确实存在，有时甚至会影响人的"硬件"。很多年前，科学社会学家雪莉·特克就遇到过有人自认是机器的心理疾患。哲学家们喜欢将这种现象称为技术对生活世界的殖民化。以 GPS 导航为例，比较前卫的巴黎出租车司机习惯使用导航仪，相对保守的伦敦出租车司机主要借助记忆导航。一项为期三年的抽样比较研究表明，巴黎出租车司机大脑中负责测绘时间和空间的皮层出现萎缩，有的人不仅无法在真实时空中确定正确行车路线，甚至罹患了某种阅读障碍症，还好这些症状并非不可逆。

另一方面的影响则可能较为显著，有人甚至担心这种"软件"层面的破坏会导致人类社会的崩溃。虽然这种反乌托邦前景未必会成真，但至少有两个方面的问题值得关注。其一，陪伴机器人可能会被设计得越来越乖巧，甚至慢慢学会对人讲一些善意的谎言。这可能会使人觉得机器人同伴更贴心、更容易沟通，由此产生的情投意合的假象，会让人更愿意与机器人同伴相处。有的人甚至会对机器人上瘾，而视真实的人际交往与亲密关系为畏途。而且，一旦机器人撒谎的能力得到开发，就难免出现陪伴机器人包庇人类不当行为或违法行为的情况。当然，有的哲学家可能会想，是不是可以做个不那么顺从的辩论机器人，这样就可以跟机器人一起讨论哲学，但如果真的制造出来了，修养不够的哲学家用户难说不会因为不如机器人机敏而懊恼不已。其二，机器人伴侣的设计以对人的情感的接受为出发点，很可能使得人与机器人伴侣的互动更有吸引力，更能满足其对欲望的想象，加之与游戏及虚拟现实的结合，难说使用者不会沉溺其中而不能自拔，最终很可能破坏以情感关系为纽带的人类繁衍与文明发展的基础。这一担忧究竟是不是杞人忧天，无疑又回到了人与机器人的交互关系乃至亲密关系的真实性这个问题，如人与机器人的亲密关系会不会削弱人与人之间形成亲密关系的能力？这种行为改变会不会导致与之相关的人的"脑回路"的退化和改变？而一旦意识到这种亲密关系的虚拟性，人对情感的态度会不会走向彻底虚无？

虽然有批评者认为，与性爱机器人的情爱关系不过是传统性交易或性暴力在机器上的延伸，是男权主义和厌女症的表现。但其倡导者则指出，一方面，机器人技术至少可在功能上复制情爱活动及其心理吸引过程；另一方面，人类在情感上具有将动物、物体和机器拟人化的心理倾向。在他们看来，人与自己物种以外的实体建立依恋或情爱关系是人类在技术时代的新进化，而机器人对人情感的迎合与人对机器产生的拟人化心理倾向的结合，将使人与伴侣机器人之爱成为新的情爱方式。

尽管相关的技术尚未真正实现，我们依然可以对其可能性作出必要的反思。或许陪伴或伴侣机器人的未来有无限种可能，是福是祸一时难以预测。但从意图上讲，一开始就应该想办法限制那些别有用心的设计。因此，至少从伦理设计的角度来看，不应该制造那些蓄意撒谎的陪伴机器人，同时，杜绝那些以愚弄和操纵人的情感为目的伴侣机器人。

就每个人而言，在特定情况下，伴侣机器人可以作为学习和实践亲密关系的辅助工具，也可以在情感受伤时作为临时的抚慰方法；但在此过程中，你应该持尝试性与反思性的态度，尤其要警惕由此带来的自弃与沉溺。技术既不是牛魔王，也不是白骨精，面对技术这个孙猴子给你挖的坑，要多一些娱乐精神和游戏态度。你甚至不妨通过自嘲和幽默的方式，使机器人伴侣成为你参透情感和抛却烦恼的契机。比如，面对机器人同伴忽闪多情的眼神，你可以一边吟诵"此情可待成追忆"，一边跟机器人一起学习机器人迷离眼神的设计原理。在深度科技化时代，科技如空气一样弥漫周遭，为了不被其裹挟而迷失自我，每个人都应该学习与技术的相处之道，而这种新的自我调节方式或自我伦理，其实就是当下每个人类个体最需要参悟与修行的禅机。

当然，这个话题还涉及很多有趣的问题。比如，如果人与机器真的相爱恋，是不是得让机器人学会梦见电子羊？机器人的性别和角色分布会不会带来机器人的社会性别问题？还有，在机器自我觉醒之前，机器人自身会不会以各自的身份形成自己的群体与社会，并由此觉知机器人与人的差异？或者说，在未来的世界里，人与机器会融合共生，成为彼此难以区分的生命存在……

3 科技附体，
人人都成钢铁侠？

科学技术的发展为人类增强提供了更多的无限可能性。那么，你愿意像神勇无敌的钢铁侠那样强大吗？那么，你愿意被增强吗？若想，你想被增强到什么程度呢？你愿意看到你的同伴被增强吗？你愿意看到你的同伴被增强而自己不被

技术有病，我没药

增强吗？或者你愿意只增强自己而不给同伴被增强的机会或剥夺他的这种权利？这些问题至今尚无定论，亟待解决。

人类增强有边界吗？

闫宏秀

    2010 年恰逢英国皇家学会成立 350 周年，费利西蒂·亨德森（Felicity Henderson）于 8 月 27 日，公布了一份有趣的清单，即英国化学家罗伯特·波义耳（Robert Boyle）的愿望清单。这份 300 多年前的清单共有 24 个项目，其中关于人类自身的，有寿命延长，恢复青春，通过药物改变或提高想象力、记忆等。期待更好的自我是人类的长期梦想之一，而人类增强恰恰就是通向更好自我的一种方式。与此同时，不容忽视的是，"更好"是一个无法清晰界定的词汇。恰如"没有最好，只有更好"这一表述一样，更好的边界永远是个边界。同样的，人类增强是否也是"没有最强，只有更强"呢？即人类增强的边界问题。对于增强之强的判断、对增强内容之判别以及人类关于"健康""正常"等概念界定等均属于人类增强的边界问题。

没有最强，只有更强？

在波义耳的愿望清单中，寿命延长排在第一位。依据世界卫生组织（WHO）今年所公布的《2020 世界卫生统计报告》（*World Health Statistics 2020*），人类不仅活得更长，而且也更健康。在 2000 年到 2016 年之间，全球预期寿命和健康预期寿命（HALE）都增长了 8% 以上，全球出生时平均预期寿命从 66.5 岁增加到 72.0 岁。毋庸置疑，从人类历史进程来看，人类寿命得到了绝对的延长。更毋庸置疑的是，这种延长被视为科学技术的效用之一。现在的我们无法确定波义耳所言的延长到底是指多少岁，但现实的事实是，长寿老人的年龄屡创新高，将寿命之"长"值不断提高。

控制论的创始人诺伯特·维纳（Norbert Wiener）在《人有人的用处》中指出："我们之崇拜进步，可以用两个观点进行来进行探讨：一是事实观点，一是道德观点，后者提供赞成与否的标准。"人类增强也同样如斯。人类增强既是一个事实判断，也是一个价值判断，因为所谓增强是在比较的意义上产生的。若进一步借用维纳所言的进步的信仰者们的逻辑，"这个时期将不断地持续下去，在人类想象得到的未来中看不到尽头。那些坚持把进步观念当作道德原则的人则认为这个不受限制的近乎自发的变化过程是一桩'好事'"，认为它是向后代保证有人间天堂的根据。在维纳那里，这个时期是指一个永无终止的发明时期，一个永无终止的发现新技术以控制人为环境的时期。那么，现如今的科学技术发展，已经让人类增强从幻想走向现实，这个时期一旦进入，就将不断地增强下去，随之，人类增强的事实观点与道德观点都必将遭遇挑战，那么，人类增强的"增强"到底是什么呢？

人类增强与人类提升的边界在哪里？

关于人类增强究竟指什么的探讨，是近年来学界热议的话题之一。法国学者西蒙·贝特曼（Simone Bateman）和让·加永（Jean Gayon）在就"人类增强"一词的内涵及其使用语境等进行大量分析的基础上，用人类能力的提升（Improving human capacities）、自我的提升（Self-Improvement）和人类本质的提升（Improvement of human nature）这三个相互交融的维度来描述人类增强。

本世纪初，由信息—生物—信息—认知（Nano-Bio-Info-Cogno，简称NBIC）所组成的会聚技术（convergent technologies），其宗旨就是在于提升人类的性能，让人类更好。然而，面对这些提升，我们不免困惑。这些提升与人类增强之间的差异是什么，以及边界什么？

用提升来描述人类增强并等于证明了人类增强与人类提升的一致性，但却说明了二者之间的关联性。一般而言，人类增强是指人类通过医学和科学技术用于恢复性及治疗性目的之外对人类能力的提升，如基因编辑、聪明药、生长激素、兴奋剂等。易言之，对于疾病的治疗或先天性缺陷的弥补不属于人类增强的范畴，如从疾病到健康、从不正常到正常属于恢复或治疗。那么，与此相关的是一个问题是，"健康""正常"等概念是不是一个恒定的概念呢？若不是，该如何判别人类增强。即，人类增强"增强"的是什么？在恢复或治疗与增强之间之中是否有灰色地带呢？

人类是否可以承受人类增强之非人类化？

毫无疑问，每一项创新确实在一开始都蕴含着不确定性，都与风险相伴，甚至可能是一种冒险。人类增强的指向非常明显，就是通过科学技术提升人类自身。但这种指向是一种期望，即，一种理想态。在走向理想态的过程中，不确定性永远在潜伏着。

也正是因为科学技术自身的不确定性，伦理道德的维度被视为科学技术发展的一个重要因素。那么，在人类增强的过程中，若出现非人类化的人类，人类是否可以承受这种不确定性呢？如果这种状况的出现是由于维纳所言的技术意义大于道德意义时，该如何面对呢？即，是由于技术的原因，而非伦理道德、法律等的缺失而导致上述情形时，伦理道德等并不一定能有效化解科学技术的风险。此时，出路在何方？

对人类增强边界的厘清是人类是否可以承受人类增强之非人类化的关键所在。若人类增强的无极限，则上述问题的答案是肯定式的，即上述问题被消解。但还有一个答案与"是"截然相反，则人类增强的边界是一个必须思考的问题。事实上，喜欢科技却不愿意被科技完全附体的人都在力图守护人的本质。

"大家增强，可别落下我！"

刘永谋

　　人类增强运用高新技术手段，目标是让人变得更强壮、更聪明、更长寿、更年轻、更健康、更敏捷……总之是变得更好。最近，京东物流的女快递员使用机器外骨骼，走楼梯轻松将双开门大冰箱搬上六楼，极大提高物流效率。这能有什么问题呢？

　　奥林匹克座右铭"更快，更高，更强"难道不是提倡人体运动技能的"增强"吗？还有在中国升学可以加分的"奥赛"，不是鼓励大脑智力的"增强"吗？无论奥运会，还是"奥赛"，训练参赛者都会合理运用技术方法，实现科学训练。当代人类增强采用诸多新技术，如纳米技术、生物技术和信息技术等，目标仍是让人变得更好，与传统的人类增强有根本区别吗？没有。那么，大家对人类增强议论纷纷，究竟在担心什么呢？

会不会扩大不平等？

人类增强主要包括：感觉增强（如助听器）、附肢和生物学功能增强（如假肢）、脑增强（或认知增强，如"聪明药"）、遗传增强（如基因编辑）。举个遗传增强的例子来分析。

2019年初，"基因编辑婴儿事件"沸沸扬扬，不仅官员、学者关注，普通老百姓也议论纷纷。正常人可能感染艾滋病毒，基因编辑"增强"婴儿的免疫能力，使之不再感染病毒。婴儿父母有艾滋病，似乎可以把贺建奎的工作视为预防性治疗而非增强。但是，遗传治疗和遗传增强所运用的技术完全一样，差别只在于接受者是否健康正常。

"聪明药"给智障吃可以提升智力，给正常人吃可以让你智力超常。增强技术一旦发明出来，可能被限制在治疗的范围吗？人人都想追求更好的自己，这无可厚非。大家对贺建奎的不满是什么呢？

一些科技专家抱怨老百姓根本没有基因编辑知识，分不

技术有病，我没药

清基因治疗与基因修饰、体细胞编辑与生殖细胞编辑，根本不用跟他们讨论问题。有些专家担心现有的遗传增强技术不安全，可能有副作用。普通人的确不懂技术，但中国老百姓历来对科技创新比较宽容，一般认为技术可以慢慢完善，开始出现点问题不是不可以接受的。再一个，他们会觉得，上头还有党和国家，会操心基因增强的技术风险问题，如果政府同意，便不会有什么大问题。这一点和西方不同，西方公众常常怀疑政府、专家和跨国公司串通起来压迫人民群众。

人文学者则发表一些高深的批评意见。有的说，人自己编辑自己，开始人造人，僭越大自然或上帝的神圣职责。也有人说，人类基因是神圣的，随便改变它侮辱人类尊严。还有人说，人等于特定的基因，编辑了它人就"有点"不是人了。这些"掉书袋"的意见也不是说没有道理，可在普通人里接受度不高。只有上帝才能造人、基因不变等于人类尊严、人与非人要保持界限，这些想法听起来西方人更容易接受。

从流传最广的相关帖子来看，中国老百姓最担心的应该是：基因增强得花钱，它肯定有高中低不同版本，钱不够只能用低配技术，孩子直接就输在起跑线了。道理很简单：别人增强就等于你变弱，人类增强同时意味着人类削弱。也就是说，基因增强可能扩大社会不平等，这才是中国老百姓最担心的问题。

"聪明药"要不要吃？我女儿毫不犹豫地回答：当然要吃，吃了就能考第一名了。人类社会从来就是不平等的，人人平等只存在于理想的乌托邦中。从某种意义上说，人与人之间不平等可以分为生物性状的不平等和社会性状的不平等。后者拼爹，前者是身体机能差异，比如胖瘦美丑愚智寿夭。想一想，生在穷人家可以用勤奋弥补，可生来就比别人蠢，拿什么和别人拼呢？俗话说，有钱没钱进了澡堂一个样，可人类增强之后，脱了衣服人和人可真就不一样了，别人可能是有外骨骼的"金刚狼"。

会不会被极权奴役？

显然，生物性状上的不平等更加难以逾越。穷人家的孩子没钱增强，一丁点"翻盘"的机会都没有。如果独裁者运用人类增强技术，固定不同社会阶层在生物性状的差距，如此等级社会还有办法推翻吗？在《美丽新世界》中，赫胥黎描述过类似的可怕景象：在婴儿孕育的过程中，就分别运用不同的生化技术制造出不同体力、智力和情感特征的社会成

技术有病，我没药

员，出生后分属不同的社会等级，低等级的社会成员比高等级的天生要蠢一些、丑一些、弱一些。

大规模运用技术手段，制造人在生物性状上的差异，以此维护极权主义统治，我称之为人种分级术。技术手段运用于正常的社会治理属于治理术，但超出应有的界限就变成操控术。人种分级术属于操控术，包括致畸术和优化术。

历史上臭名昭著的"优生学"，便是某种将人类增强运用于社会治理的极权计划。对人种进行优化，乍听起来没大问题，但"优生学"在实践中还意味着种族歧视和人群的灭绝，我们可以联想到二战中犹太民族的遭遇。

因此，人类增强不仅可能扩大不平等，如果失去控制还可能成为极权帮凶和奴役工具，我称之为增强操控问题。好莱坞科幻电影《逃出克隆岛》，描述的便是运用生化技术残酷奴役克隆人的故事，比如为获取克隆器官而缩短克隆人的寿命，加速克隆人的生长同时使其认知能力停留在婴儿阶段。

一定要记住，使用在克隆人身上的生化操控技术同样适用于正常人类，这是《逃出克隆岛》让观影者不寒而栗的根源。可以说，《逃出克隆岛》以一种极端形式隐喻增强操控等级社会中无权者的悲惨命运：无权者在其中的地位，与片中克隆人的地位类似。此时，问题不再纯粹是增强技术问题，而更多是政治和社会制度安排的问题。

中国人没有上帝的观念，没有抽象人类尊严的概念。但是，我们有自己的伦理禁忌模式，在中国讨论科技伦理问题，必须结合具体的中国语境。按照中国人的伦理观念，人类增强技术并非百无禁忌，尤其必须考虑"不患寡而患不均"的问题——用明白的话说："大家增强，可别落下我！"

技术有病，我没药

给我一颗忘忧枣

杨庆峰

人类的记忆与遗忘是非常特殊的现象，神话、哲学和科学都将其作为重要的现象来研究。希腊神话中的记忆女神是记忆研究的文化起源；哲学家如柏拉图、亚里士多德、奥古斯丁、庄子等都讨论过"记"与"忘"。心理学研究在哲学内部悄然而成，随着生物学、神经科学的发展，心理学一跃而起，与自然科学迅速结合在一起，20世纪60年代以后我们可以从日益发展的科学看到记忆与遗忘的诸多研究成果。理查德·萨门、坎德尔和欧基夫是记忆科学研究领域的三剑客，而如何增强记忆与遗忘就成了有趣的事情。

忘忧枣、孟婆汤

在中外神话中，人类增强建立在命运一元论的基础上。有关于记忆与遗忘的故事无一不是和某个物品有关，如西方的忘忧枣。伊塔洛·卡尔维诺在《为什么读经典》中讲述了这样一个故事：奥德修斯在漂泊中歇停在一个地方，就包含丧失记忆的危险，吃了食枣族的美味忘忧枣，就会乐不思蜀。忘记的危险发生在奥德修斯旅程的起点而不是终点。中国则有孟婆汤的说法。孟婆往往会给人一碗汤，喝完之后就会忘记前世的一切恩怨，重新来过。在流行文化中最耳熟能详的恐怕是刘德华的那首《忘情水》，歌曲道出了被爱伤害之后的痛苦，需要忘情水来解救。"忘情水"只是一种想象，但是"忘忧枣""孟婆汤"却是隐含在中西文化中的最早的与神话有关的增强记忆与遗忘的文化表征了。对于奥德修斯来说，最怕的事情是在休息中忘记了回家的初心，乐不思蜀。回乡的初心是最不该忘记的，忘记的话就会迷失自己。这也可以看作现代记忆伦理的一个文化根据：记住是美德，而遗忘是恶德。当然，食枣族的忘忧枣是一种非常奇特的物品，已经很难在文献中查询到这种物品是否真实存在过，但

　　　　　　　　　　　技术有病，我没药

是，从功效上看，这种东西却类似于现代的某种迷幻剂，吃了之后忘记现实。在孟婆汤那里，是转世的需要，只有忘掉前世之所有体验，才能够顺利完成这个过程。

可以把忘忧枣和孟婆汤看作神话语境中记忆与遗忘增强了，其意义是让我们看到了隐含在文化因子中的增强原型。神话中的增强却和个体没有任何关联，而是与整体命运有关，这是现代文化无法想象的。对于奥德修斯来说的使命，对于孟婆来说的转世命运的完成，这些都是原初体验的神话表达。

长生不老药、聪明药

在现代文化中，人类增强有着二元论的假设，增强个体的多是从身体、心灵等维度表现出来。作为有限存在者，人会生病并最终死亡。面对这种有限性，人类开始通过各种办法去克服这种障碍。生物医学的发展使得人类能够对抗疾病，延长寿命。面对死亡，医学是有限的。我们可以从各种文学形式中看到长生不老的想法，并且为了长生不老药而不择手段。比如吃了唐僧肉可以长生不老、秦始皇派人寻找长生不老药……这些成为中国文学小说中的素材，也成了一种独特的文化记忆。在历史上，我们看到很多文献记载着道士、方士如何通过炼丹术炼制长生不老药，现代社会的生命增强则是通过聪明药实现的。但是，在这方面更多是现代影视塑造的结果，如《永无止境》(*Limitless*) 是一个比较好的片子。主人公艾迪·莫莱是一个落魄作家，偶然吃了一颗药，结果一天完成了拖了很久的小说，并且小说深受好评。这个药让他的记忆力变得超强，最后借助这些药，他逆袭成功。抛开这条增强线索来看，我们也要看到电影传递出来的一个情节：这种药支撑了整个精英上流阶层。这也从电影的角度凸显了聪明药必会带来的社会公正问题。任何技术都会导致这样一个结果：新的不平等。

光遗传技术

现代神经科学的发展则将记忆和遗忘增强的想法变成了现实。科学家用光遗传技术对大脑神经元细胞进行准确激活和抑制，可以删除恐惧记忆、植入虚假快乐记忆。在这一方面，科学家已经走得很快，如 *Nature*、*Science* 每年都会刊发多篇研究论文，如利根川进 (Tonegawa Susumu) 团队研究给小鼠植入虚假记忆、改写记忆。科学上的这些研究成果甚至成为电影拍摄的科学根据，比如《记忆大师》(2017) 就

　　　　　　　　　　　　　　技术有病，我没药

建立在这样的"记忆可以精确删除、复制、下载"的前提之上。而在这之前，发表在 *Neuro* 的一篇文章就利用了光遗传技术成功地剔除掉了小鼠大脑中的特殊记忆。可以看到，在科学中，人类增强已经进入生物神经元层面。如果持续激活某个与信息保留有关的记忆神经元细胞，那么就会实现记忆增强，记忆的相关信息可以长久保持。反之，如果抑制与痛苦有关的情绪神经元细胞，那么就会实现遗忘增强。如果持续激活与快乐有关的神经元细胞，那么就会实现情感增强。

后果论的局限

大多数讨论人类增强抑或技术增强习惯于从后果论思考技术增强的伦理后果，如社会公正、马太效应等。但是从根本上来说，要理解人类增强还需要从文化发展的角度展开。那种隐含在起源中的增强基因在神话、哲学、科学乃至技术等不同发展阶段表现出来，人类增强也就有了不同的方法。此外，不同阶段人类增强背后的价值预设是不同的：神话中人与命运的一体关联、现代文化中身体与精神的二元论等。而当前我们过多地受制于现代二元论的限制，这恐怕也是反思人类增强需要注意的地方。

人类与机器的
合体之路可以走多远？

——

段伟文

1968 年，鲍德里亚在《物体系》中写道：我们的技术文明，是一个既系统化又脆弱的世界。但不无吊诡的是，这种脆弱的文明一直呈现出某种指数增长趋势，人们甚至开始相信，借助科技的力量可以成为某种超人类或者后人类物种。进入 21 世纪以来，纳米、生物、信息和认知等会聚技术日新月异，加之大数据、机器人与人工智能的热潮，让人觉得奇点真的就要临近。据说，奇点临近的鼓吹者库兹韦尔每天都要吃一大把多种维生素，希望在有生之年能赶上人类永生的头班车。

不论人类是否真的会从现在的肉身存在阶段过渡到下一个更强大的生命体阶段，所有相关的构想与争议的前提是，

技术有病，我没药

科技正在比以往任何时候都更深地嵌入人体之中。换言之，人与科技的合体正在使我们所处的科技时代呈现出人类深度科技化的态势，而其中最引人关注的是技术使人类肢体与感官能力实现人工增强的可能性。

从反转眼镜到"第三只手"

说到人类增强，很容易想起二郎神和孙悟空，他们一个长出了第三只眼，另一个火眼金睛。在神话故事和影视作品里，从哪吒、金刚葫芦娃到超人、蝙蝠侠和机械战警，人们一再表达了超越人类的愿望。那怎么获得这种超能力呢？对于那些既不是从石头里蹦出来的，也不是用莲藕和莲花摆出来的凡夫俗子，唯一的办法就是对自己的身体下手。当然，在对自己的身体直接下手之前，人们早就开始通过服用各种天然或炼制的药物提升自己的能力，从各种致幻剂到不确保无毒的丹药，无数浪子权贵前赴后继，心甘情愿地做了医药和化学的活体实验品。

对自己的身体下手，首先要敢于拿自己来做实验。1897年，美国心理学家斯特拉顿曾经做过一个视觉空间定向实验，后来被称作斯特拉顿实验（Stratton's experiment）。在实验中，斯特拉顿将自己当作实验对象，就是所谓的被试。他用东西蒙住自己的左眼，右眼则戴上倒视逆转眼镜。在这种安装了棱镜的特殊的眼镜中，物体原来在视网膜上形成的倒立和左右反转的像再次发生反转，变成与原物一样的正立的像。这样一来，所有的东西看起来都是上下颠倒、左右反转的，不仅与原来的视觉经验产生严重冲突，而且通过听觉判断的声源方向也总是与视觉看到的声源方向正好相反。经过了 8 天练习之后，他的视觉才逐渐跟听觉、触觉和运动感知相协调。到 21 天的时候，基本适应了这种反转的空间关系，也行动自如了。而他取掉反转眼镜后，又花了一段时间才重新适应正常的视觉空间环境。

通过拿自己做实验，人们就可以探索身体的机理和功能，而迈出这一步之后，用技术改造人的身体、增强人的能力，就似乎是顺理成章的事了。多年来，出生于塞浦路斯的澳大利亚表演艺术家史特拉克（Stelarc），一直通过改造身体的表演展示用技术实现人类增强的无限可能。早在 1980 年代，他就以早稻田大学研制的机械臂为原型，请人在他的右臂上半永久性地安装了第三只手，公开展示了三只手一起写字之类的人机协同表演。面对网络时代的来临，这位以极端表演著称的艺术家忽发奇想，希望在手臂上植入第三只耳朵，将他的感官连接到互联网。为此，他花了 10 年时间，才找到同意这个超人类身体改造方案的外科医生。不论这类尝试是否成功，这些前卫的思想和行动背后的主题非常清楚，那就是：人类可以将自身作为技术试验的对象，不断突破技术与人类的界限，使技术从人所使用的外在工具，转变成嵌入身体之中的内在结构。

所向披靡的解放生物学

虽然以哈贝马斯和福山等人文学者为代表的生物保守派主张为了保护人的自然本性，应对人类增强技术有所限制，但他们所面对的深度科技化时代前所未有的挑战则是不争的事实。不论是生物技术还是神经科学以及与之相关的数字与信息技术，它们不断地揭示生命奥秘的目标绝不是编纂一部人体百科全书。当所有关于生命过程的数据通过技术呈现出来的时候，有关生物技术和神经科学是应该仅仅用于治疗还是也可以用于增强的争议，很可能只是纸面上的兵棋推演。如果说传统技术主要是向大自然学习和模仿大自然，科技时代的技术则日益与科学互为前提与条件，两者相互融合并在整个社会拓展为技术化科学（technoscience），而这种技术化科学正在成为联结生命体与非生命体的桥梁，呈现出用技术再造生命的蓝图。

于史特拉克等后人类主义或超人类主义者来说，不论是人的身体还是人类物种并不具有某种绝对的本性。从人类的进化过程可以看到，人一直在通过技术的运用重新定义自己。就像我们的拇指，苏东坡在西湖边欣赏王弗奏琴之时，大概不会想到今人刷微信的场景。在库兹韦尔之类的技术乌托邦主义者看来，人的身体在生物学上是不足的。因此，不论是将身体当作科学研究还是技术实验的对象，不再仅仅意味着探究正常的生物机制和功能，而是发现身体的局限性和探寻用技术重新定义人类的可行性。直白讲，人类增强首先不是一种技术，而是一种观念。这种观念就是，人的身体也好，自然本性也罢，从原初开始就是过时的。实际上，与其说是技术导致了人一生下来就是"过时的人"和拥有"过时的身体"的命运，不如说人的自然本性的不断变化与生成，恰恰是由人类的意识所不断强化的宿命所在。一言以蔽之，人的意义在于不断被重新定义。

同时，技术自由主义者也从人是"他自己、他的身体和精神的唯一支配者"的密尔式的顽固立场出发，主张人的自主权利意味着每个人可以对增强技术作出自己的选择。在这些选择中，既可以是否定性的，也可以将其作为拓展个人发展潜力的可能性，而这可视为自由社会应该赋予每个人的权利和能力。由此，在了解某种增强技术带来的益处和与之相伴的风险或副作用的情况下，个人可以自愿选择用技术增强身体和能力，并接受相应的后果、承担相应的责任。当然，技术自由主义者在原则上也会指出，如果这一选择涉及影响第三方利益的伦理、法律和社会方面的问题，也应对其加以必要的规制。

但对于那些新技术的狂热追逐者而言，科技附体不仅是本世纪人类进化的必然趋势，而且反对者对技术的副作用与伦理问题的顾虑似乎都是小题大做。本世纪之初，扫地机器人的发明者、麻省理工学院人工智能实验室主任罗德尼·布鲁克斯曾经预言：尽管我们在过去50年中一直都要依靠机器，但我们要在新千年的第一个阶段，让机器成为我们身体的一部分。科学作家、技术自由主义者罗纳德·贝利（Ronald Bailey）则直言不讳，对于人类来说，没有什么比努力摆脱生物的束缚更加自然的了。

在《解放生物学》一书中，贝利颇为笃定地指出：毋庸置疑，21世纪将在理解人体机制和发展生物技术方面取得空前的进步，到本世纪中叶，我们可以期待生物学和生物技术的飞速发展将彻底改变人类的生活。各种科幻小说中的场景会在不遥远的将来实现：人类的平均寿命可能跃增 20 到 40 年，各种药物和疗法将用于增强身体和记忆，人们会思考得越来越快，孩子将拥有更强的免疫系统，将聪明得无以复加，人类的永生也会向我们招手。让他颇不以为然的是，那些生物技术的反对者却在组织各种政治运动，旨在限制科学研究，禁止各种产品和技术的开发和商业化，让公民无法获得生物技术革命的成果，尤其是生物伦理学家们所主张的家长式的监管武断地剥夺了新技术赋予公众的权利。

人肉机器将如何生长？

为了成为命运的主宰，人类一直在寻求与各种强大的"他者"融为一体，从萨满崇拜到人工智能，而技术无疑是我们这个时代的人谋求与之融为一体的"他者"。自科技将其探究的目光投向人自身的那一刻起，就意味着生命的过程被视为某种机制，人类自我也随之成为人肉机器。在完成了这个存在论的格式塔转换之后，"自我"与"机器"之间界限消弭，难分彼此，而人通过自我定义演化为非人，似乎就成为某种命定的趋势了。

技术有病，我没药

面对人类与科技合体的趋势，当然应该展开相应的价值反思和伦理的审度。但在此之前，不妨了解一下技术自由主义、后人类主义以及超人类主义等支持这一趋势的理由。以贝利为例，他之所以赞赏技术自由主义，是因为在他看来，无论是自然还是人的自然状态本身对人类的生存所持的其实是一种冷漠的态度，从自然灾害到人的衰老，天地万物对人类的生存与幸福其实毫不关心。面对这种冷漠，个人应该变得更加积极主动，自由地最大化自己的选择，最大限度地减少对自己以外的任何人或任何事物的依赖。同时，有些人可能不想参与增强性的改善和对永生的追求，另一些人则会担心人人长寿的未来可能出现糟糕的社会后果，无论如何，他们也可以主动作出自己的选择。

不难看到，人类增强的支持者的基本出发点要么是总体性的人类进化选择，要么是基于个人权利的自主选择。由于其前提是将人与机器、人与人分离开来思考，而且相关的讨论也多为概观性的并很少涉及具体的场景。因此，面对人肉机器应该如何生长这一问题，可以更多地从其所在的社会情境和具体应用场景切入。

首先，鉴于人类增强技术的开放性与多义性，而且很多技术还停留在概念阶段，相关的伦理讨论应该以营造伦理商谈的基础为前提，才能使之具有普遍的可接受性。据此，可以将神创论与进化论、治疗与增强等基于立场的议题放在一边，转而从两个最基本的方面寻求展开价值对话与达成伦理共识的可能。一方面，应该坚持所有人都会支持的不伤害原则，即人类增强技术不应该伤害到所介入的人。另一方面，应从权利与责任的反思平衡出发，寻求人类增强技术应用的公正之道，在尊重每个人的权利的同时使其与他人的可比权益形成必要的均衡。

其次，应该走出抽象的伦理争论，进入具体场景中寻求技术应用的实践智慧。例如，将来可以通过大脑植入物帮助人不用上任何外语课就能学会非母语语言。也许，你对于不需要学习过程而学会某种技能这种好事儿倍感兴奋，但你是否想过，通过信息存储让人拥有记忆这一过程本身，会不会在增强记忆力的同时，损害你的学习能力。又如，有些神经增强技术可以帮助人们主动遗忘某些不愿意记住的经历，但当某人不再能够回忆起自己所经历的事情时，是不是也削弱了从记忆中获得道德教训的能力。例如，对受到伤害的人而言，抹去某些痛苦的经历，会不会使其失去了学会宽容与谅解的机会，而对那些伤害到他人的人来讲，特定记忆的擦除无疑也不利于其从自身的恶行中悔过自新。还有，如果将来人类的记忆主要依赖植入大脑中的数字记忆体，是不是意味着对精神隐私的削弱。比方说，因为偶然的原因你成为某个暴力犯罪场景的唯一见证者，尽管增强技术可以删除这些记忆，但在这个案件得到侦破和审判之前，你是否有义务保留这些让你心惊肉跳的恐怖记忆？

最后，其实我们也用不着急着寻求答案，很多问题的解决可以留待来日。正如超人类主义哲学家安德斯·桑德伯格（Anders Sandberg）所言，我们作为人而改变，不是因为我们对我们是什么而未感到幸福，而是因为我们想变得更好。展望人肉机器的未来之路，将是一个开放的过程，正如人类过往所展示的那样，人们在不断地用技术重新定义自身的同时，也在更新他们的价值观和智慧。

4 TA 最爱的是我，还是手机？

今天，一日不带手机出门，绝对是一桩令人坐立不安而充满考验的事情。在某种程度上，人人都机不离手，人人都变成"手机控"，以致有人认为手机使用最后把人类形体从昂首挺胸变成伛偻蹒跚。刷手机好不好？网上流传着一则名言：为什么要谈恋爱，是手机不好玩吗？刷手机坏不坏？就算恋了爱，专家提醒：警惕手机成为"第三者！"那么我们究竟应该如何与手机"相处"？

隔屏望，何以善？

———

闫宏秀

在 2012 年 6 月底，我国手机网民规模首次超过台式电脑上网的网民；2020 年 3 月，我国使用手机上网的网民占整体网民的比例为 99.3%，即 8.97 亿。毫无疑问，手机因其极高的感知有用性和易用性被大众欣然接受，并成为日常生活之必备。手机上瘾或成瘾、手机依赖等日益受到社会的关注。与此相随的是，因手机缺席而引发的焦躁不安也相伴而来。人们经常会问："手机，手机，你在哪里啊？"当手机不在手时，夹杂着或是失落、或是焦虑等的多重感觉会悄然涌上。

说到底，手机的确是一种技术，但在人类美好生活的构建中，技术以其独特的效力牢牢地占据着核心位置。人类期

技术有病，我没药

待技术与善之间的深度关联，期冀其能够为善、构善、至善等。恰如亚里士多德在《尼各马可伦理学》开篇所指出的那样："每种技艺与研究，同样的，人的每种实践与选择，都以某种善为目的。"那么，手机又是如何与善关联在一起的呢？作为手机发明者的人类，从其通过该技术有效地推进便捷沟通而言，体现了技术与善之间的某种内在一致性；作为手机使用者的人类，在隔屏实现自我与世界关联过程中，特别是在手机用户越来越多且人类使用手机的时间越来越长的情景下，又是如何与善关联的呢？

隔屏观望，善在指间

当下的智能手机作为一种媒介，集电视、电话、电影与收音机的功能于一体，即将加拿大学者马歇尔·麦克卢汉（Marshall McLuhan）所言的，低清晰度、提供的信息较少且要求高参与度的冷媒介与只延伸一种感觉，并使之具有高清晰度且要求参与程度低的热媒介进行了融合，因此，这使得手指的隔屏滑动具有了多重意蕴。如从手机作为热媒介来看，作为手机使用者的人类，可以是参与度很低的观望者。即，人类可以是仅仅通过手指，滑动屏幕，隔屏观望，用眼睛、声音等获取信息。此时,作为观望者的善,可以简单被理解为被动接受层级意义上的。此时的善或许可以被诠释为基于不主动为恶意义上的一种消极层级的善。易言之,此时的人类可以被视为纯粹的旁观者,因为其是完全作为信源载体的屏幕端的一个信宿,且不参与任何恶的行为,仅仅是隔屏观望而已。

然而,这种行为所带的结果并非如前所述,即使是隔屏观望,就已经是貌似不参与的参与。不参与是指没有进行主动互动,参与是指每次浏览都将推动屏幕背后的数据流,且这种推动在网络的高速推动下可以达到瞬间燃爆的效果。如,你虽然无意间用手指滑动了某个推送给你的信息,即使你未曾转发或评价,也已经推动了该条信息的传播。若有无数个"你"指间滑动,就会带来无数次的数据推动。因此,在使用智能手机的过程中,即使是观望,也是参与者意义上的"观望",而非作为纯粹的旁观者。易言之,手指滑动,哪怕仅仅隔屏观望也能并已经将善带出。

隔屏期望,善在心间

当手机使用者在隔屏观望的过程中将善带出时,其与善的关系已经超出了仅仅由技术驱动的消极善。手机使用者用手指滑动屏幕时，已经以参与者的身份出场，更何况人类对手机的使用不仅仅停留在滑动阶段。智能手机的诸多App、小助手等与人类有着极强的深度交互。

当今手机上网的用户数量庞大，手指滑动可以将善带出，但也可以将善搁置与遮蔽。这里的搁置与遮蔽类似法国哲学家贝尔纳·斯蒂格勒（Bernard Stiegler）曾经的警示：在网络和数字化技术推动下，"超工业时代进入一个系统性愚昧的时代"。类似电视曾经对人类的非强制性深远影响，被手机信息环绕的人类也一样可能出现"一种新的精神语境及麻木呆滞"。在日常生活中，会听到有人忍不住抱怨"沉迷刷屏、无法自拔""刷屏致傻""每日生活以开机与关机为准"等。事实上，这些戏谑的描述恰恰以反向的方式道出了手机使用者的隔屏期望。

手机使用者若长期处于刷屏的状态，那么，基于智能算法、机器学习及深度学习等的手机系统可将用户带入某种信息茧房。这种茧房与斯蒂格勒所言的"系统性愚昧"之间有着某种同构性。但是技术发展的初衷不是将人类带入愚昧之中，而是期望给人类以福祉。期望，究其本质而言，源自心理预期，因此，隔屏期望，善在心间。

隔屏望善是否可能？

然而，期望的实现需要付诸行动，仅仅停留在心间的善依然是不够的。德国哲学家海德格尔用唤醒深藏于艺术世界与诗歌世界中的"思"来走向自我拯救，并以此来应对技术对人类的全方面冲击。这种应对方式因其乡愁、后思以及重技术批判的特质而被诟病，但其对技术本质与人之本质的深度揭示却极具价值。

处于手机屏幕端的人类，无论是基于手指滑动的隔屏观望，还是基于内心驱动的隔屏期望，都是人的本质与技术的本质相互交织的表现。特别是在技术充斥的语境下，人类一直在力图守护人的本质，且这种守护也极为必要。面对手机与人类生活的深度关联，人类的隔屏观望与期望可谓通往善，但并不是完成了的善。

当今智能手机以技术化的方式导引着人类的行为、潜移默化着人类的价值观与自我的认知等。毫无疑问，善可以借助手机屏幕进行呈现，但这不应该是善的真谛。因此，在智能手机丛林中的人类，若要隔屏善，则除了观望与期望，更需要隔屏守望，用理性之行与本真之心的联袂去守护善，警惕成为林中之鸟而将善遗忘，警惕彷徨在林中之路而找不到善的方向。

我们为什么爱刷手机？

刘永谋

从使用手机、沉迷手机到依赖手机，刷手机时间占比越来越大，使用者对手机的控制程度越来越低，手机厂商、各种 App 则越来越成功。因为没有办法科学地界定出每天使用时间超过多少属于使用过度，被夺走手机多久出现何种症状属于不能自控，"使用""沉迷"和"依赖"手机的修辞学意味浓厚，更多是传达着情绪上的担忧和道德上的愤懑。但地铁上一站，人人刷手机。假若来个外星人，看到人类整齐划一地低着头，鸦雀无声地望着手上的闪亮屏幕，会不会以为是某种集体宗教仪式，或者被某种拥有巨大力量的怪物同时控制？此时，很难质疑对手机的沉迷与依赖不存在。

"真不能怪我"

过度使用手机而不能自控的行为，对手机使用者具有不同程度的危害，被称为手机依赖。手机依赖既引发各种身体疾病如干眼病、颈椎病，甚至有说会改变脑灰质密度，也导致各种心理疾病如抑郁、智力下降，还是某些社会问题的原因，如夫妻关系不睦、亲子关系不调、学生厌学等。很多人认为，作为一种科学概念，手机依赖内涵和外延都不清楚。然而，这并不影响手机依赖被认定为21世纪最常见的非药物依赖之一。

换言之，玩手机过度已经被界定为心理疾病，常见于大学生、职院学生和女性——这不是瞎说，而是检索诸多研究后的结论——要是高等职业院校的女大学生，一定要注意——最近发现"银发族"也易发病。在此思路之下，可以类比毒品成瘾、酒精成瘾研究手机依赖，如程度测量、产生机制和干预方法，等等。但是，究竟是得手机依赖症才爱玩手机，还是爱玩手机才得手机依赖症呢？

毒品或酒精成瘾中有明确的成瘾物质，但这在手机依赖中找不出。有研究认为，刷手机时大脑会分泌多巴胺，让人觉得兴奋和开心。不光玩手机、吸毒和喝酒时大脑分泌多巴胺，吃饭、服药、吸烟和谈恋爱也会调动多巴胺反应中心。所以，将多巴胺界定为成瘾物质，和说刷手机开心是因为爱刷手机一样，没有太多意义。

晚上刷手机不睡，有人说是因为手机蓝光抑制松果体分泌褪黑素，让人睡不着。手机屏幕夜间模式减少了蓝光，人是不是就不爱玩手机了？再一个，蓝光让你睡不着，不能干点别的吗？人开着灯不容易睡着和手机蓝光多是同样道理。问题是：你会关灯睡觉，为什么不关手机睡觉呢？

还有人找到技术的原因，可以分为两类：手机技术太好，或者太坏。太好派说，智能手机功能强大，使用太方便，想干啥干啥。技术太好，你就不停刷手机啊？好的技术不止手机吧，为什么独独爱刷手机呢？太坏派说，智能手机设计故意让人上瘾，刷手机的毛病是设计者害的。奈斯比特认为，让人依赖加深是高科技的重要特征，称之为"科技上瘾区的扩张"。从广义上说，改善用户体验的设计都催生技术上瘾，很难区别有害的上瘾设计和增加用户黏度的优化设计。并且，面对上瘾性智能手机，使用者不能自决或拒绝吗？

当然，可以发现沉迷手机的社会原因。一个美国同事在美国不用手机，有事发电子邮件，在北京不得不买个手机，因为很多事情比如办银行卡必须填手机号。当然，买了手机可以只打电话，可听说他买了手机，大家都让他装个微信方便联系。这个例子说明：在当前的社会环境中，手机世界与现实世界紧密交织，会刺激刷手机行为。

找找自己原因

将手机依赖等同于网络依赖，没有办法找出爱刷手机的原因。为什么女性和大学生更爱刷手机？研究表明：网吧上网主要是打游戏，刷手机主要是使用社交、购物、看新闻和刷微博。所以，一些人认为，手机上瘾实际上是社交上瘾。维塞尔说："手机并不是反社交的，正是因为我们是依赖社交的物种，才会想要联系他人。"但是，社交并非手机的唯一功能，而且手机社交取代真实社交，有时也导致人与人之间的疏远。

社交过载已经引起大家的注意：社交并非越多越好，手机社交冗余是典型例子，有人将之称为"手机社交沉迷"，认定原因是各种不健康的心理状态。比如过度从众的心理，只有在集体中才能感到自己的存在。对此，勒庞在《乌合之众》中早有论述，而加塞特的《大众的反叛》、李普曼的《幻影公众》、米尔斯的《权力精英》、怀特的《组织人》等名著均将之视为 20 世纪人性演变的新趋势。

很多人刷手机是由于对信息的饥渴导致的，我称之为"信息贪婪"：什么都想知道，异国他乡的一桩劫案、毛线关系没有的明星偷情细节……当代人处于信息过载而不自知，常常刷帖发圈的时候还顺手刷个广告。为什么呢？好玩。对此，波兹曼称之为文化艾滋病（AIDS，Anti-Information Deficiency Syndrome，抗信息缺损综合症），在《娱乐至死》中大加鞭挞。

有人认为，孤僻、自卑或相对缺乏自信的人爱刷手机。许多研究者便如此解释"银发族"、女人和大学生爱刷手机的原因：老人孤独寂寞，大学生前途未卜和怀疑自己能力，女人的自我认知往往依赖他人评价。有种客体化理论（objectification theory）认为，女人爱在朋友圈发自拍照，希望别人对自己外貌点赞而找到能力方面的自信，属于典型认知偏差。

不少人说，刷手机是害怕和逃避孤独、不安和焦虑。在《逃避自由》中，弗洛姆提出"自由悖论"：自由既可以让人更多地支配自己的生活，也会让人感到孤独和不安，因为获得自由意味从更紧密的社会联系中独立出来。如果主动运

技术有病，我没药

用自由全面发展，彰显人生价值，充分完善自我人格，便实现了积极自由。但是，更多人追求的是消极自由，即从各种社会关系的束缚中解脱出来，反而使自己陷于孤独，产生无能为力感和焦虑不安的消极心态。此时，人容易放弃追求自由，以刷手机减轻心理压力，在其中迷失自我，此即弗洛姆所称的"逃避自由"现象。

有人认为，爱刷手机是因为感到人生没有意义，无聊才刷手机。拉康认为，当代人的意义从可以为之奋斗的未来理想世界，转变为只寻求充满欢乐的"当下"，人类陷入无意义的迷幻之中，感受不到真实世界，遗忘冰冷的社会境遇。换句话说，当代社会主张的意义，如以自我为中心、只关心眼前、把精致的自恋当作终极理想，乃是一种快乐的"无意义"。

在"容易世界"表演

我以为，有的人爱刷手机，是想通过"表演"而成为另外一个人，从而忘记真实世界的无力。所以常有人说，手机上"戏精""精分"以及"精神小伙""精神小妹"特别多。在手机中，不再有生活，只有表演，只有欺骗和自我欺骗。

不过，当代人爱刷手机，我琢磨最重要原因是：智能手机"制造"出一个"容易世界"，降低人生"打怪升级"困难的感受度。在手机上，任何事情看起来都变得很容易：想吃饭，想买东西，想借钱，想找人聊天，想谈个恋爱，想冒充社会大佬……手指划划点点戳戳就好了。每一次手机使用点滴增加着类似的感觉：世界仿佛为你而生，你便是"国王"或"魔法师"。按照行为主义的观点，行为的后果会强化特定的行为模式，正面效应增加行为发生的频率，负面后果会减少之，所以刷手机不断被离苦得乐的"容易世界"强化，人最终沉迷其中而不可自拔。只可惜一切终究只是错觉：当没钱买东西、交网费电费，"容易世界"立刻烟消云散，人生暴露出原本的残酷面貌。

哪种有道理，君请自选。我定了条规矩：手机不能进卧室和书房，不晓得是否守得住。无论如何，为什么我爱刷手机，绝对是一个意味深长的问题。

装满秘密的黑匣子

━━━━━━

杨庆峰

从语义本身来看，电话（telephone）是空间距离的克服，手机是一种手持的电话。手机的汉语表达和德语表达（Handy）是相同的，均与手有关。技术的发展使得手机变成了改变命运、拉近距离和装满秘密的黑匣子。手机为什么与实现空间拉近的电话有了这么大的区别？

手机是什么？不问，我还知道

面对手机这么一个常见物品，人们已然形成了恨大于爱的两种态度。一种是非常肯定，认为手机带来了进步、命运改变、身份提高。1G 时代，天线"大哥大"手机尽管只有通话功能，却代表着身份和财富；2G 时代，与按键手机相伴的是直板、翻盖、旋转和滑盖，收发短信，联通变得更加容易；3G 时代，触屏手机可以看地图、拍视频；4G 时代，手机可以实现智能、无线支付，可以提供健康证，一个美好的世界开始打开；5G 时代，万物互联，智能生活的未来美景就在眼前。6G 之后是什么？也许超越了想象。另一种态度是极度怨恨。很多人指责手机带来了极大的危害，比如小孩子看手机视力下降，少年看手机学习成绩滑落，成年人看手机交流缺失。唯独老年人，没有手机，但是却感到了被冷落，所有的人群都沉溺于手机世界，而忽略了他们。面对这种情况，人们更多感受到的是无奈。感觉一切似乎都脱轨了，无能为力。你可以关闭朋友圈若干天，但是你不能弃之不用；你不能容忍手机没有电，各种私人、共享的充电宝成为后备电源。

这种矛盾的态度也表现在国内外的电影中。近年来，国内外很多电影都以手机为题材，国内的如《手机》里将手机说成手雷，国外的如《完美陌生人》把手机说成装满秘密的黑匣子，《命运呼叫转移》是一部手机改变命运的真实写照，《夺命手机 / 梯阵阴谋》里面的手机能够让人赢钱、发财却是科幻想象。这些展示手机与生活世界关系的影片也说明了手机与生活世界之间有着被忽略的关系。这为接下来的现象学追问提供了可能。

手机是什么？问了，我反而不知道

通过上面的分析可以看出，手机克服了固定通话的限制，变成了与手有关的物品。如果手机仅仅是一个物品，那么它无法解释本来只是手持的工具为什么与命运和生活世界关联在一起。手机是人的延伸，但是技术哲学式的回答并不是让我们获得更多的认识。这个观点是来自技术哲学的一个认识。梅洛-庞蒂分析过贵妇帽子上的羽毛，说这是知觉的延伸。如今的手机，也是手的延伸。微信中摇一摇实现了"撩"的功能，让你很快找到一个异性朋友。手机起到了一个空间拉近的功能，这种注重结果的解答让我们看到了一些本质的东西。3G 手机的空间拉近一直符合电话的语义学。telephone 本义就是远方的声音，将远方的声音拉到我的面前，让我从听觉上感受到你的声音。这个时期的手机只是听觉的拉近，通过听到某个声音然后想象出对方的样子。但是往往会弄出笑话：声音甜美一定漂亮动人吗？4G 时代手机的空间拉近超越了语义学，至少是在声音意义上，它所展现出来的是全方位的拉近。通过图片，我可以直观感受到联系者的样子。通过视频，一个鲜活的人就会呈现在面前。手机是世界整体性的显现，这种海德格尔式的观点需要被注意到。世界以技术的方式显现自身，手机已经脱离了 telephone 的本义，整体性以手机显现了自身，正在建立的万人、万物互联构建起一个技术整体性。手机不再是以孤立的、属人的物品存在，而是将自身表现出非对象的整体性。正如伽达默尔所言，"整体性并不是对象，而是包围着我们并且使我们在其中生活的生活境遇"。

既然不是对象，手机必然会消失

我们太熟悉手机是工具这样的观点了。按理说，面对手机带来的社会问题时，应该从人的自控力去寻找问题的根源。但是很奇怪的是，我们会发现这种追根溯源直接抵达手机，而忽视了对人自身的批评。人们似乎有些避重就轻。面对这种悖论，我们需要加以分析。

荷兰哲学家维贝克对于上述现象给出的解释是：手机和人构成了一个共同体，我们没有办法单纯谈论人的自控力，因为手机已经无形中改变了人的生活和行为习惯；也没有办法单纯地指责手机，因为这似乎又陷入了主体逃避责任的陷阱。所以，面对这种状态，需要注意到手机作为道德能动者的因素，在手机与人构成的关系中才能够更好地处理上述问题。可是这样一种思考，却没有想到手机在未来的存在状态。

手机在未来会消失吗？必然会。在未来社会，手机会被更为高级、小巧和便捷的技术品取代。这一点技术哲学家唐·伊德早已分析和阐释过了，高新技术品具有小型化的趋势。不仅如此，我们看到在大脑深度植入芯片和神经植入芯片将会成为现实中的技术。这些芯片可能会以纳米级的形式存在，却能够实现以前手机的全部功能，空中的微粒也许会成为通讯的介质。但作为技术的消失不是我们的重点，我们的重点是手机作为对象的必然消失。

既然手机不是工具性存在，那种人类学的理解已经不适合现代技术的认识，而整体性将成为看待手机的视野：手机将自身作为整体性建构起来。在这个意义上，手机取代了语言，我们看到的是物质化解释学的生活实现。手机包围着我们并且使我们生活在其中，手机成为我们的生活境遇。如果这样，最为熟悉的体验开始浮现：戴在我鼻子上的眼镜不再是作为对象的眼镜，它成为我生活世界的构成部分。整体性也意味着我们对之视而不见和"熟视无睹"。同样，在整体性逻辑的推动下，手机消失会变得不可避免。先是从物理介质，然后从关系上，它会成为记忆之物，逐渐消失在历史的地平线。

作为后视镜和数据夹具的手机

段伟文

　　说起手机，不禁想起比利时画家马格利特（René Magritte）著名的烟斗系列的第一幅作品：在绘有一支烟斗的画中写着"这不是一支烟斗"的句子。我之所以会有这样的想法，是因为你不论将手机看作移动电话还是移动终端，都会发现它越来越不像手机，而越来越像照相机、电脑、电视机、监视器……它不仅将普通的数码相机和摄像机挤出了市场，甚至连电信服务商的短信和通话服务也快被它逼得无路可走。手机的发展，非常生动地体现了人与技术的本质，恰在于不可预见的变化与生成，这使得人与技术的未来，倾向于拥抱开放性和偶然性，而不拘泥于固定的属性和一定的方向。

摄像头与屏幕构成的新物种

七八年前，经常有朋友特意更换了一部老款的非智能手机，说是刷智能手机太浪费时间。这些年来确实有极个别的人坚持下来了，甚至成为不用手机的圣徒。但对于在我身边的大多数人而言，智能手机已无异于长在身上的一种多功能器官了。如果从生物学的视角来看，智能手机非常像能够长出各种器官的胚胎干细胞，说不定什么时候就能用出某种新功能。

只要你愿意，出门的时候完全可以用手机跟家里的宠物聊天。昨天在骑共享单车的时候，我还在想如果将手机固定在车把上，打开前置摄像头，就可以当成后视镜了；如果再编写个应用程序，甚至还能认出路上有犯罪嫌疑的车辆自动报警。在直播带货的热潮中，已经没有人怀疑手机屏幕的强大力量，甚至有人早就用这个小小的屏幕，勾兑出各种穿越半个地球的生意，比方说，让中国退休的佘太君们白天通过手机屏幕看守美国地下停车场夜间的监控视频。

手机已不再是最初"大哥大"时代充满质感的砖头，可

技术有病，我没药

输入屏幕、前后摄像头再加上固有的话筒和播放功能，手机成为人和世界得以遭遇和呈现的界面，也令人的眼睛和手指开启了一段新的进化历程。智能手机显然不再只是人的器官的延伸，而成为人与人工器官的聚合体，它不仅赋予拇指点赞功能，让粘在屏幕上的人眼冒着早衰的风险，甚至已经成为人所繁殖出的伴生物种。这个新的伴生物种无异于一种魔幻的生命体。有了智能手机，你的眼睛只需看着它的一只眼睛——死死地盯着你的前置摄像头，而不再需要直面真实世界，也不用正视与你交互的人的眼睛。

你只需要盯着屏幕这面技术化的镜子，世界就会在屏幕的界面上呈现，而这虚拟的世界可能来自另一部手机的一只眼睛——用于代替人记录世界的后置摄像头。这两组人工眼睛和一面技术化的镜子，甚至可以让你愤怒地面对人和世界，而不用担心会有拳头从没有厚度的屏幕界面冲出来。当然，它们实际上可能让你更愿意顺着他人和世界的意愿，以换取可有可无的点赞或真金白银的礼物。一旦你意识到手机是一个魔幻的生命体，拿手机的时候会想到它的传感器或许正在根据你的力度感受你的喜怒哀乐，而摔屏的时候它并不会有丝毫的痛感，因为你的心已经疼过了。

移动时代的数据夹具？

人与技术的伴生迫使人与世界一起加速演化，以欲望作为燃料的资本引擎使得"我不是我""在这里，又不在这里"成为这一演化的基本逻辑。手机并不是孤军奋战的魔法师，其背后有着无远弗届、无孔不入的巨型机器系统，手机不过是一切让事物流动起来的怪兽用于诱惑人和掌控人的敏感器官。不论对这个巨型机器或流动怪兽的想象是否让你感到舒适，人、机器、金钱、想象和构思正在以越来越快的速度和越来越高的频率移动，这种移动正在彻底重构人们用以理解世界和掌控世界的可见事实，而这种可见事实的基本来源就是手机及其联结的各种网络。

闭目想一想，数十亿人在日常生活中基本上都携带着手机这种口袋大小的联网计算机，就应该意识到，这些具有内置数码相机、视频和语音记录功能以及定位系统和各种传感器的手机的认知潜力何其巨大。从地震灾害到疫情传播，从鸟类观察到人类大规模流动与群体行为研究，具有移动性的手机的分布式数据采集和计算能力，正在构建前所未有的复杂事实，而对这些事实的分析与理解，唯有借助自动化和智能化的数据分析才有可能。

在机器"看来",这一切都只是数据的流动和对这种流动的引导。但对持有手机的人来说,手机无异于随身携带的数据化特洛伊木马。看到这里,你或许想到我又要吐槽人如何被机器监控、被算法控制云云,但我想说的是,对移动事物的监测和控制其实是移动时代的内在逻辑,数据与信息监控是使得移动得以实现的先决条件,而且监测所形成的数据流本身就是各种移动所需要的触发信号。比方说,当你通过刷手机通过地铁闸机时,如果没有实时的数据监测网络给出及时反应,确保你这个移动事物的"安全性"和"可靠性",你就无法体验一刷而过的顺畅移动。

手机实际上不再是电信系统蜂窝移动网中的一个移动单元,而已与包括交通系统、城市空间、安全网格等在内的各种泛在网络绑定在了一起。在你携带它四处移动的每一步,手机都扮演着使你的移动更为顺畅的移动中介的角色。由于你的位置信息是手机必须与通信网络交换的元数据,而且通信网络会与其他网络共享这些数据,以确保整个泛在网络系统的安全运行。实际上,在以信息和数据高速流动为前提的移动时代,所谓移动不仅仅是空间的位置改变,各种交互行为和数据、符号、图像、视频的迁移都意味着移动,甚至不久的将来，人的思想和意念的变化也属于可监测和控制的移动对象。

数据监测是为了使得移动更为顺畅，各种手机界面上发生的交往、交易、娱乐也是以数据监测为前提的。从整个泛在的网络系统来看，为了使各种复杂的移动有序进行，就不得不运用数据的监测和分析对人的行为进行猜测或预见，甚至采取预防性的控制。就像机械工人在加工器件时需要将零件固定一样，面对拿着手机四处移动并且心思万千的人们，社会巨型机器反过来也需要以手机为数据夹具，以确保在移动中变动不居的人和世界具有某种稳定性和可控性。由此，从内容推荐算法、人脸识别、智能手表到健康码，都可以视为数据夹具。当你把手机绑在手臂上步行或跑步的时候，手机这种新夹板要矫正的，并不是你的错位的骨骼或关节，而是你的运动行为。

作为数据夹具的手机还可能会进一步调节你的心思。在人们的内心意念不能影响外在世界的时候，心动和旗动是两个分离的事件，人拥有胡思乱想的绝对自由。而假如将来人们可以通过数字网络用意念让旗子飘扬起来的时候，是否需要通过某种可穿戴设备和手机中的数据特洛伊木马一起，给人的意念和思想安上精细的数据夹具？

技术有病，我没药

逃离手机魅惑需要人的野性

手机是什么并不重要，重要的是手机会使人成为什么。在现在看来，人的宿命似乎是在与技术的伴生中盲目地开启一段又一段新的进化，而这种进化在当下似乎进入了以制造自我欲望为药引子的自我的自动化生产阶段。对于这个阶段，从海德格尔、马尔库塞到斯蒂格勒表达过太多的不满，以至于我都怀疑这些大同小异的不满不过是小骂大帮忙，其论述固然高深，客观上却麻痹了人们为改变自身命运采取行动的可能性。在反思和批判者看来，手机对人的魅惑日盛，正在使人们变得缺失关注力甚至更加愚蠢，让孩子们从小就沉迷手机和屏幕不能自拔，甚至会令人放弃反思自己生活的勇气。

若果真如此，又当如何逃离手机的魅惑呢？海德格尔不是说过"哪里有危险，哪里就有拯救"吗？面对以手机为界面的数据化和智能化的荒野，出路又何在呢？生活在技术圈中的人们会听哲学家和思想家的劝告吗？但无论如何，拯救的力量和行动最终取决于人自身的抉择。《沙乡年鉴》的作者亨利·大卫·梭罗曾指出，世界的救赎存在于荒野中。其中所说的荒野往往被环保人士误读为自然中的荒野，而梭罗的本意指的是人类残存的野性。面对手机魅惑的冲击，人所残存的野性又何在呢？对此，我现在唯一能够想到的是，或许人的野性要在人被彻底挫败乃至沉沦得一塌糊涂时才能激发出来。

真的是哪里有沉沦，哪里就有拯救吗？其实，这类似是而非的说法，很可能一下子就把天聊死了。不如想象一下人与手机魔幻的未来：手机的摄像头自由飘荡在空中，屏幕可以随时在目光或手势触发下浮现在眼前。再往后呢？或许那目光和手势是人的代理机器人的……那人干什么去了呢？是在迷梦里把手机扔进黄浦江或塞纳河吗？

5 斯蒂格勒与 技术哲学的未来

2020 年 8 月 6 日，法国技术哲学家斯蒂格勒（Bernard Stiegler）去世，引发世界范围内的悼念。在国内，传媒的纪念行动已经成为一场颇有影响的文化事件。斯蒂格勒之死，将人们目光吸引到技术哲学上来。技术哲学的未来何在？无论如何，斯蒂格勒紧追新技术革命浪潮的精神，值得中国技术哲学界同仁认真学习：现时代是技术时代，哲学应当作出回应。毫无疑问，当代中国的技术发展居世界前列，工程领域更是首屈一指，中国的技术哲学研究可以利用国情优势，接续传统，推陈出新，在世界学术共同体中赢得应有的关注和地位。

技—艺反思的"法国潮"

刘永谋

　　斯蒂格勒去世，媒体、艺术界和文艺研究界纪念如潮，世界技术哲学界反应并不大。世人皆以斯蒂格勒为技术哲学家，但他并不认为自己是技术哲学家，甚至称自己"超哲学"[1]。可是，他却成功地帮助技术哲学尤其是法国技术哲学，吸引到更多的关注。就提升技术哲学的曝光度而言，斯蒂格勒与拉图尔贡献不相上下。然而，技术哲学界对两人的评价差别不小，他没有被法国人认定为如拉图尔一般的顶级知识分子。总之，"斯蒂格勒之死"本身就是一桩意味深长的事件。

　　米切姆曾向美国技术哲学协会电子刊物 *Techne* 提议专刊纪念斯蒂格勒，但最后没有被接受。美国的技术哲学家乃至哲学家关注过斯蒂格勒的人很少。从全球范围来看，有影响的建制性技术哲学发展主要以美国、德国、荷兰和中国为代表，而法国是否有重要的技术哲学学术共同体，在很多人看来都是有疑问的。

实际上，法国学界对自己是否存在技术哲学传统，一直争议不断。虽然在 20 世纪 90 年代初，法国技术与哲学学会成立，但迄今为止，技术哲学并没有在法国学术界被确立为公认的哲学分支。该学会的共同发起人塞瑞祖里（Daniel Cerezuelle）2017 年曾在人大科哲讲学，与同期来访的拉图尔交流，在演讲中就坦承学会在过去十多年基本上处于休眠状态，最近才开始复苏。当代法国科技哲学领域的标志性人物拉图尔一般被归入科学知识社会学（SSK）传统，他的教席也是设在社会学研究中心，被称为技术哲学家，多少有点勉强。

然而，建制化推进的缓慢，并不代表技术问题在法国被关注得不够。法国的思想家并未忽视对技术的哲学反思，不过很难说存在专门的技术哲学研究传统，而主要是在科学史和社会学两大强有力的传统中进行的。

自笛卡儿之后，经百科全书学派、圣西门、孔德、柏格森、巴什拉、科瓦雷、康吉兰，到福柯、德勒兹、利奥塔，法国科学史传统可以说占据法国思想的半壁江山。在法兰西学院，福柯担任的是思想史讲席。他认为，在当代法国哲学中，以巴什拉、柯瓦雷和康吉兰为代表的"知识的、理性的、观念的哲学"形成了与"经验的、感觉的、主体的哲学"分庭抗礼的局面，后者的代表是萨特、梅洛－庞蒂。[2]

法国是社会学产生的重要源头。圣西门和孔德对于社会学创建居功至伟，后者1838年首次在《实证哲学教程》中提出"社会学"这一名称，并建立起社会学的基本框架。之后，迪尔凯姆、布尔迪厄和拉图尔的社会学均赫赫有名。圣西门对技术与工业的研究投入许多精力，其后科学、技术与知识一直是法国社会学研究的重要主题，以拉图尔为代表的SSK"巴黎学派"崛起便是明证。

在上述两大传统中，技术被充分地反思。今天认定的法国技术哲学家比如埃吕尔、西蒙栋以及国内不熟悉的让尼古（Dominique Janicaud）、沙博诺（Bernard Charbonneau）、哥哈（Alain Gras）、布航（Jean Brun）等人，一般担任的都是社会学、历史学和人类学教席。

法国人对技术的哲学反思往往是与科学、知识混杂在一起进行的。在法国科技哲学传统中，自圣西门之后，"科学"与"技术"两个概念被紧密联系在一起使用，法国学者说

"科学"时经常包括技术,福柯就是典型。在一定程度上,法国人对科学的推崇更多是出于科学改造世界的实践力量,而不是把科学视为逻辑严密、绝对无误的真理。而斯蒂格勒更是主张技术化科学(technoscience)的观念,这受到海德格尔的影响。实际上,"技术化科学"的观念今天在法国和德国技术哲学家中很受欢迎。

实际上,斯蒂格勒在贡比涅大学担任的是法国最早一批以技术哲学为名的教席。但他认为,技术反思并非哲学反思,而是哲学的全部研究对象,因此研究技术就是研究哲学,从这个意义上说他是"超哲学"的。显然,他把自己当作一般哲学家。也就是说,他的目标不是技术哲学(philosophy of technology),而从技术切入的哲学(philosophy from technology),要经由对技术的反思而获至哲学基本问题的答案。这一点在法国科技哲学家中非常明显:他们对科学技术的反思并不止于科学技术本身,尤其试图指向理解人的社会历史境遇——这一境遇在当代无疑以科学技术时代为最突出的特征——因此法国的技术哲学家以人与技术之关系为最核心的问题,因而对技术伦理、技术的社会冲击倍加关注。

法国技术哲学与艺术关系非常密切,表现为哲学家们讨论很多艺术、美学和文论的问题,福柯、德勒兹、德里达和

斯蒂格勒等人都是如此。其中很重要的原因是：技术与艺术
在法国传统中长期被混同为"技艺"（technik），类似英语中
technology 的术语 technique 直到两次世界大战之间才开始流
行。同样，法国人讲艺术时不限于纯粹的审美艺术，而是包
括有实际用途的工业设计、建筑艺术以及家居装潢、服装设
计、园林和城市规划技艺等。在斯蒂格勒这里，艺术被认定
为最高的技术形式，是当代记忆技术重要的组成部分。

　　技艺同源的观念根源于当代法国技术哲学对人的基本理
解，即人本质上是工具制造者（homo faber）——技术物、
艺术物都是能制造工具的"灵巧者"即人的创造。这也为当
代法国技术哲学所谓的"物的转向"（thing turn）——西蒙
栋于 1959 年提出——开辟了道路。拉图尔和斯蒂格勒均给
技术人工物以更高的位置，前者的行动者网络理论（ANT）
要求对人与物给予平等对待，而后者花大气力分析物尤其是
记忆物如电影、照片、数码物等。当然，法国技术哲学转向
物，亦受到其他国家同行的影响，如温纳对纽约长岛大桥的
技术政治学研究、荷兰兴起的道德物化理论，以及美国兴起
的工程哲学研究。

　　另一个与作为工具制造者的人之观念相关的法国技术哲
学的突出特点在于：与人类学研究关系密切，大量使用和借

技术有病，我没药

鉴人类学研究技术的思想和方法。这个特点在斯蒂格勒理论中体现得非常明显，他受到法国著名古人类学家勒鲁瓦-古兰（André Leroi-Gourhan）影响巨大。从历史和人类学角度来考察技术都强调时间和起源的问题，因此科学史传统的巨大影响与法国技术哲学亲近人类学是一致的。通过对人类与技术关系的人类学考察，法国技术哲学得出技术与人协同进化的基本观念，也为强调技术的历史性、偶然性、断裂性和差异性开辟道路。古兰让法国学者相信，技术已经成为人类生存的基本条件。受他影响的技术哲学家除了斯蒂格勒，还包括西蒙栋、德勒兹和拉图尔，拉图尔甚至提出"人类学转向"的说法。但是，正如塞瑞祖里强调的，"人类学转向"并不是法国技术哲学对人性或人的本质主义方法的回归，而是强调技术的"人类学构成"，反对技术中立的工具主义观点。

反对技术中立的观点，同样是当代法国技术哲学受到圣西门主义、马克思主义和现象学运动重大影响的结果，这在斯蒂格勒思想中体现得很明显。圣西门将科技与工业视为紧密联系的现代社会两大支柱，强调赋予科技专家和工业家统治国家的权力，因而被称为技治主义的"鼻祖"。显然，圣西门将技术问题引向政治批判，而很多人将斯蒂格勒视为政治哲学家或技术政治学家。马克思主义对法国学者一直影响很大，阿尔都塞提出过"结构主义的马克思主义"，福柯、斯蒂格勒等人都短暂加入过法国共产党。与马克思一样，法国马克思主义者对技术问题非常感兴趣，继承马克思关于机器与工人、技术的社会存在等方面的问题或观点。现象学对法国技术哲学家的影响主要是通过海德格尔思想，海德格尔后期哲学关注的焦点是技术，他的技术哲学思想对德里达、利奥塔和斯蒂格勒的相关思想影响很大。

总的来说，国内对法国科技哲学研究还比较生疏，有很大提升空间，技术哲学领域尤为明显，拉图尔和斯蒂格勒也是在过去几年才被中国学者关注。与美国、荷兰和德国的技术哲学相比，法国技术哲学特色鲜明，有很多值得中国技术哲学借鉴的东西。

首先，关心人在技术时代的命运。高新技术重要特点是深入每个社会个体的日常生活当中，未来技术哲学的发展必须从存在论的高度来回应人与技术在技术时代的新关系。

其次，融合历史、哲学、社会学和人类学的不同视角。法国的技术哲学表现为明显的问题学，辐辏于某一技术问题进行跨学科探讨。国内的科学哲学、技术哲学、科学史和科学、技术与社会研究（STS）比较隔膜，学科意识过强，这对于智能革命时代的技术哲学发展不利。

再次，聚焦于技术的伦理学、政治学和社会学方面的问题。应该说，这属于整个科技哲学未来发展的热点。国内对此已有认识，但研究还不够深入，尤其没有发挥哲学思想的深刻性和总体性的优势。

第四，重视研究技术与艺术的关系或技艺哲学。实际上，国内的艺术家和艺术学研究者对于高新技术尤其数码技术非常关注，近年来举办很多技术与艺术对话的展览、研讨和会议。相比之下，技术哲学家与艺术圈、电子工程师、媒体工作者的联系还很不够。

最后，加强技术哲学的经验研究。法国技术哲学的"物的转向"与技术哲学荷兰学派提倡的"经验转向"有异曲同工之妙，都要求技术哲学研究者俯下身子，把目光紧盯各种各样的人工技术物，挖掘具体物件中的灵韵或伦理、政治意涵。

总之，中国的技术哲学应该在继承自然辩证法研究传统的基础上，吸收和借鉴包括法国技术哲学在内的各种思想资源，面对当代中国特殊的技术问题，交融创新，自成一派。当今是哲学的"小时代"，世界范围内哲学遇冷，大哲学家举世罕有。中国的技术哲学家们应该感谢斯蒂格勒，因为他的死让技术哲学又"火"一把。面对不确定的技术世界，哲学可以有所作为，也应该有所作为。

【参考文献】

[1]［法］斯蒂格勒.意外地哲学思考：与埃利·杜灵访谈［M］.许煜译.上海：上海社会科学院出版社，2018：47.

[2] 杜小真编选.福柯集［M］.上海：上海远东出版社，2003：149.

技术有病，我没药

数字技术突变与
一般器官学药方

段伟文

    哲学家总想努力对他所处的时代说些什么,斯蒂格勒亦然。自20个世纪90年代初以来,以互联网和大数据等为代表的数字技术对于整个人类社会所带来的框定与加速现象成为每个人都无法回避的时代规定性。在斯蒂格勒看来,数字技术所推动的超级工业社会或自动化社会开启了无产阶级化的新阶段,正在使人类社会走向邪恶化和下流化,甚至沿着向下的"恶的螺旋"滑向系统性愚昧的时代。[1]

    为了回应人类纪、工业革命和资本主义推动下的这一"技术突变"(technological mutation),在讲授南京课程"在人类纪时代阅读马克思和恩格斯"时,他特别建议听众展开跨学科工作(transdisciplinary work)。[2]而这与他将哲学问题等同于技术问题的主张是一致的：以技术为关键线索追问形而上学的历史与演进，聚焦在此进程中所发生的认识论断裂与实践中断，探讨由此导致的人类的危机与出路。换言之，斯蒂格勒以技术为核心的思考所聚焦的是历史境遇中的技术形态与人类命运。而当下尤其引人关注的是，自工业革命以来的人类纪状况中，科学因工业之需而与技术相连接，技术遂成为异质性实践与复合性知识型：科学与技术拼接为"技术化科学"（technoscience，技术科学、技性科学），进而发展出"技术—工业""技术—社会"乃至"技术化生命"。[3] 值得指出的是，其中"技术化科学"的确切所指，就是科学、技术在实践层面趋于一体化意义上的"科技"，而"科技"一词自 20 世纪 80 年代中国步入科技产业化快车道后的流行便是现实的明证，当然这也表明了中国思维与文化中对待科技的实践性与实用化取向。

在斯蒂格勒看来，科技这种新的知识型彻底改变了科学的目的，使科学的使命由探讨事物的"存在"与"同一性"转轨至根据工业的需要开发事物的"生成"与"可能性"倘若我们能深入辨析由巴什拉（Gaston Bachelard）"现象技术"（Phenomenotechnique）和诺曼（Alfred Nordmann）的"本体技术"（noumenal technology）等对技术化科学/科技的解读

技术有病，我没药

及其张力，或可帮助我们进一步理解斯蒂格勒对工业和资本主导的科技的形而上学疑惑：不能忽视由技术—工业单边决定技术化生命的所有可能性的选择，因为这种以利润快速获取为准则的选择根本就是不科学的。（[3]，p.148）在康德对理性与知性的区分的基础上，他认为这种选择是不可靠的技术化的知性对科学与理性的僭越。为了回应这一挑战，哲学对他而言意味着以理性回归为目标的哲学化的技术工作或技术学 / 科技学：聚焦技术 / 科技时代人类的状态，在进行技术 / 科技 / 工业研究的同时，致力于对技术 / 科技 / 工业的批判与重新引领。而这些跨学科的研究、批判与引领，无疑出于对科技时代人的关怀，旨在审视和改善人的状况。

由此，与偏好分析的学院式哲学不同，斯蒂格勒为其所从事的技术工作或技术学搭建的理论平台对技术与人的生成过程、现实境遇与未来愿景给予了全方位的观照。为了廓清技术与人的关系，他从古人类学家安德烈·勒鲁瓦-古兰描述的生命外置化和技术哲学家西蒙栋的个体化的思想出发，将基于技术的"人化"（I'hominisation）视为用有机生命以外的方式延续生命的"后种系生成"或一般的生命进化过程，即不断涌现出由技术形成的非有机器官或人造器官的器官的外置化过程。对此，他提出可以用一般器官学来理解作为外置化生命形式的技术。所谓一般器官学就是技术学，它将一般意义上的器官划分为有机体内部的心理层面、有机体外部的人造层面和由相关机构与组织构成的社会层面等三个既平行又会通的层面。从一般器官学来看，各种技术如同生物学意味的突变，由此所带来的有机器官与人造器官的结合，以及相应的心理层面、人造层面和社会层面的安排，难免会对有机器官及其所栖居的身体产生毒性和破坏性。鉴于技术这种类似药的效用，一般器官学必须展开药理学研究，或者说它同时也是药学。（［2］，pp.23—24）而不论一般器官学还是药学所采用的都是系谱学的方法，这有助于揭示技术与人的关系在特定演进阶段的模式、危机与出路。

在他看来，技术是因爱比米修斯之误而不得不赋予人的义肢或本质，人与技术结合而成为兼具生成性与偶然性的存在——技术在弥补人的"本原的缺失"而赋予人本质的同时，也使人的命运注定要遭遇"本原性的意外"。而旨在走出历史悲剧所展开的批判，首先就是经由技术所导致的意外——在具有偶然性的技术突变的触发下，去哲学地思考。（［2］，pp.153—154）对于当下的人类而言，我们正置身其中的意外就是所谓的"人类纪"，数字技术和自动化则是人类纪时代最重要的技术突变。早在1996年，斯蒂格勒在

《技术与时间》第二卷《迷失方向》中指出，人类的进化建立在记忆与程序上，人类的历史不过是程序中止和重启的历史，技术突变造成的记忆方式与程序编码的改变，使得人的后种系生成处于不停的技术中断中，而机器记忆和自动程序已经使技术中断登峰造极——机器对各种程序操作的代管令由群体统一性构成的种族面临灭绝的威胁。[4]这种中断可称为数字中断。同时，依据西蒙栋的个体化的思想，人的个性化实现有赖于超级个体化过程，即技术体系通过与社会体系和个人心理的作用使人的个体化得以实现，或者说人总是需要在一定技术体系下发展个性并同时形成对群体的认同。而作为工业化进程最高解读的技术突变或数字中断，不仅使人越来越严重地丧失了对共同体的归属感，甚至让人的个体性越来越多地与机器或能够被机器处理的数据及编码相联系。由此，个体属于某个群体的"谁"的个体化逐渐丧失，与机器或功能相关的"什么"的个体化日渐泛滥。（[4]，pp.85—87）对此，在自动化社会和人类纪等主题下，他对我们身处的超级工业时代展开了尤为深刻的批判，并试图在此海德格尔式的"座架"具象化的时代触发悬置折叠（中断重复）的第二时刻（the second moment of epokhal redoubling）引入技术变革甚至激发出分岔点，以寻求负熵化的未来。

首先，他指出基于数字第三持存的知识外化可能导致人的去技能化或无能化即"无产阶级化"的新阶段。所谓持存大意指对意识与认知的保留。第三持存是斯蒂格勒在胡塞尔的第一持存（感知的心理持存）、第二持存（记忆的心理持存）的基础上提出的，意指可以在主体之外使思想和行为发生时的踪迹得以保存，从而使记忆及知识通过外置化的技术方式实现。其悖谬在于，知识的外置化既是一切知识构建的前提，又会在一定的技术社会制度安排下，蜕变为剥夺人的知识以及认知能力的手段。对此，斯蒂格勒认为，马克思和恩格斯在有关机器和一般智能等讨论中，最早明确地指出了其中的"无产阶级化"也就是去技能化或无能化问题，即由知识的外置化所导致的知识破坏与丧失。（[2]，pp.89—91）而这种"无产阶级化"是技术变革、资本主义和工业革命等制度安排下的产物，一般伴随着人对这一过程的有意识或无意识的屈从。具体而言，19世纪工厂对工人身体的机械踪迹的采集导致了人的技能知识的"无产阶级化"，20世纪兴起的消费社会中的文化工业对受众的模拟踪迹的引导使人的生活知识"无产阶级化"，当前建立在第三数字持存即数字踪迹的自主—自动生产之上的超级工业和自动化社会则正经历着"理论知识丧失的时代的诞生"——彻底"无产阶级化"

的第三阶段。（［2］，pp.46—47）

其次，他强调德勒兹所预言的"控制社会"正在变成现实，也就是我们正在经历的彻底"无产阶级化"的第三阶段。当前，随着大数据的发展，一切踪迹都可以被作为数据来采集、记录和分析，由普适计算和万物互联所构建的超级工业化情境无处不在，数据驱动下人人皆可分析的解析社会呼之欲出。早在 1992 年，根据消费社会对人的注意力和欲望的破坏性捕获与非强制性调制，德勒兹就曾提出"控制社会"的预言：人们将置身无处不在和持续运行的管控网络之中，个体被细分为分割体（dividuals）。[5] 沿此谱系，斯蒂格勒强调，如果说在消费社会中是借助文化工业和媒介俘获消费者的注意力而使得消费者获取如何生活的知识的过程发生短路的话，近年来出现的大数据等踪迹产业（industry of trace）则试图通过社交网络和众包平台实现对人的内驱力的自动控制，对由此形成的乌合之众实施自动干预，基于大数据的快速运转的自动化知性分析能力甚至会绕过作为综合能力的理性而使其短路。在走向总体化的自动社会中，这种控制有可能发展为对洞察力的机械性清算，人的认知过程甚至成为"神经市场学""神经经济学"所计算和调制的对象。（［2］，pp.41—86）对此，斯蒂格勒专门与比利时学者胡芙华（Antoinette Rouvroy）探讨过她与贝恩斯（Thomas Berns）提出的算法治理术（algorithmic governmentality）。他认为，这种基于控制论的算法治理术实质上是编程化（grammatization）即人的智性经验的人工再生产的最新阶段，应该从一般器官学的角度进行思考：在趋向总体自动化的技术体系的发展中，基于数据行为主义的编程化会不会实现数字化真理统治（digital regime of truth），使得社会体系和个人心理乃至意识发生终极短路？斯蒂格勒认为，就算人的洞察力被自动化过程短路，但由此获得的算法的分析能力只是对康德意义上的知性的自动化，最终不可能替代理性而只能走向失败。[6]

斯蒂格勒的这些思辨不仅延续了近70年来有关社会批判、文化工业批判以及多种晚近现代及后现代思想家对技术时代人类命运的反思，而且通过他展开的递进式的系谱化构造，使得数字中断所导致的人的认知短路等"网络忧郁"乃至对系统愚化的担忧的急迫性得以充分彰显。由此，他向人们揭示了这种数字中断所带来的技术震惊：人类的精神、智力、情感和感性能力正在遭受前所未有的威胁，符号生产与理论知识创造越来越少，人们在其个体化过程中的能动性越来越难以发挥，人的个性化与独特性的缺失越来越普遍。这迫使人们看到，很多看似使人类的行动能力盛况空前的强大科技，实际上是凭借着各种破坏性的手段发展起来的，它们在导致非有机体、非世界与非人无限膨胀和熵的无限增加的同时，必然造成人的精神生态危机。

因此，斯蒂格勒认为，面对数字中断及其导致的技能与知识遭遇普遍性剥夺的无产阶级化过程，是时候引入相应的二次悬置折叠（epokhal redoubling，中断重复）激活相应的技术变革了。他认为，固然数字中断造成了严重的失调，甚至每种新的数字或智能技术都会如同超级记忆药一样对人的认知与情感能力形成短路性破坏，但随着由数字中断所产生的技术震惊的震撼力愈益加大，必然会迫使人们通过二次悬置折叠（中断重复）寻求解毒与治疗之道：其一是哲学意义上的悬置折叠（中断重复），即在信仰和知识上与现有的数字技术与自动社会的知识断开，悬置其历史时代的文化行为程序；二是新知识和新行为以及新的超个体化循环的重新构建，进而在此基础上重建新的社会体系。（[2]，pp.111—113）尽管批评者会指出这两个方面只是抽象的可行性方案，但斯蒂格勒却在实践中对此进行了尝试。一方面，他在自己所主持的研究与创新研究所进行了数字化研究，这一研究并非对数字技术的简单的人文反思，而试图在一般器官学的架构下，构建一种类似于福柯的"新知识型"或巴什拉的"新认识论"的面向所有知识的新范式，通过范畴转移、认识论断裂等规划一个去自动化的自动社会。（[2]，p.110）另一方面，结合阿马蒂亚·森（Amartya Sen）的凸显能动性（agency）与获能（capacitation）的能力经济学理论以及他自己的力比多经济理论，提出了贡献式收入的概念，并应用于智能城市建设试验。（[1]，p.19；pp.180—181）

正是基于这些认知与实践，他试图通过一般器官学化解人类纪和自动化社会的看似不可逆的熵增，创构一种超越数字中断而使人免于精神与价值陨落的负熵的未来。而要真正实现这一点，正如他所说的那样，则不再仅仅是哲学问题，而是一个"政治的问题"，"是一场人与人之间的战争"。[7]

【参考文献】

[1]［法］贝尔纳·斯蒂格勒.人类纪里的艺术：斯蒂格勒中国美院讲座［M］.陆兴华、许煜译.重庆：重庆大学出版社，2016：110.

[2]［法］贝尔纳·斯蒂格勒.南京课程：在人类纪时代阅读马克思和恩格斯——从《德意志意识形态》到《自然辩证法》［M］.张福公译.南京：南京大学出版社，2019：22.

[3]［法］贝尔纳·斯蒂格勒.意外地哲学思考：与埃利·杜灵访谈［M］.许煜译.上海：上海社会科学院出版社，2018：

技术有病，我没药

146—148.

［4］［法］贝尔纳·斯蒂格勒.技术与时间 2·迷失方向［M］.赵和平、印螺译.南京：译林出版社，2010：86.

［5］Deleuze, G. 'Postscript on the Societies of Control'［EB/OL］. https://www.jstor.org/stable/778828.

［6］Rouvroy, A., Stiegler, B. 'The Digital Regime of Truth: From the Algorithmic Governmentality to a New Rule of Law'［EB/OL］. http://www.ladeleuziana.org/wp-content/ uploads/2016/12/ Rouvroy-Stiegler_eng.pdf.

［7］［法］贝尔纳·斯蒂格勒.论符号的贫困、情感的控制和二者造成的耻辱［A］.王晓明、蔡翔：热风学术（第八辑）.许煜、王舒柳译，上海：上海人民出版社，2015，https://www. caa-ins.org/archives/1855.

斯蒂格勒、
数字人文主义与人类增强

━━━━━━

杨庆峰

从现象学角度对技术问题展开反思构成了人类哲学领域独特的风景线，我们可以列出一个典型名单，从经典的胡塞尔、海德格尔、梅洛-庞蒂到当前的德雷福斯、唐·伊德、斯蒂格勒、维贝克等人。这个名单背后还有一个人若隐若现：法国哲学家保罗·利科。利科对伊德本人影响巨大，成就了伊德但也影响了伊德。不仅如此，在斯蒂格勒的作品中，利科也成为一个思想来源，但是称不上影响巨大。本文主要是对斯蒂格勒对于当代增强技术的讨论有着怎样的启发进行分析。

笔者通过两种数据检索方式搜索了斯蒂格勒《技术与时间》三卷本。（1）输入德里达（J. Derrida）、胡塞尔（E.

Husserl）、海德格尔（M. Heidegger）、利科（Paul Ricoeur）
等现象学家的名字分析斯蒂格勒更倚重哪一位现象学家。在
三卷中，德里达共出现 120 次，胡塞尔共出现了 529 次，海
德格尔出现了 355 次，利科出现了 34 次。（2）输入记忆
（memory）、遗忘（forgetting）、过去（past）、技艺（technics）
等关键词分析《技术与时间》的关键主题是什么。在三卷中，
"记忆"出现了 822 次，"遗忘"出现了 93 次，"过去"出现
了 596 次，而"技术"出现了 668 次。以这两组数据为依据，
会推演出一些基本结论：从第一个检索中，可以看出斯蒂格
勒最倚重胡塞尔，他在最大程度上把胡塞尔作为思想来源或
者批判对象；利科的影响最小，查阅斯蒂格勒的利科引用文
献会发现他仅仅引用了利科的《时间与叙事》一书。从第二
个检索可以看出，对于斯蒂格勒来说，"记忆"的地位很显
然超过了"技艺"。这一点超出了一般人对这三卷本的认识，
根据题目和论述章节，可以推演出斯蒂格勒赋予技术（技
艺）以本体论的地位，而记忆无法显现出来。这本书至少题
目以及目录却很少能够显示出这一主题的重要性。第二个结
论引发了一个新问题的产生：就记忆主题而言，为什么学理
分析与数字分析形成了截然不同的结论？理想的状态应该是
学理分析与数字分析能够有效形成呼应，数据分析能够有效

地支撑严谨的学理分析。所以这一悖论将数字人文研究方法与传统研究方法的关系暴露了：需要警惕数据分析存在的先天缺陷：较少的数字未必意味着这一主题的缺失，可能是隐藏在文本深处的；而较多的数字并不仅仅意味着某个主题的主导，尚需要学理分析的支撑，而学理分析的失察可以通过数字分析加以弥补。

从人类增强的人文主义分析入手是一个很好的尝试，人类增强就是这样一个问题，以 enhancement 或者 augmentation 进行关键词搜索的结果会令人失望。仓促得出一个结论，斯蒂格勒不关心人类增强问题或许是错误的。可以说，这一结论并没有在数据上得到支持。然而，这一问题却被挖掘到了。许煜教授在《递归与偶然》（2020）中提到这样一个问题。"除了奥古斯特·魏斯曼对中质和体细胞的区分及基因型和表现型的区分意外，斯蒂格勒还发现了第三种类型的遗传，它既非身体性也非基因性，而是技术性的。这个观点依然是对生物学强有力的解构，直至今天，随着人体增强和基因工程项目的即将展开，这个观点才明晰起来。"[1] 这意味着哲学家对于某一具体技术问题的探讨并非材料内容上的，而是哲学启发上的观点或方法。

在本文看来，斯蒂格勒对于人类增强提供的并不是内容性的讨论，而是哲学方法的洞见。比如他对人文主义哲学提供了很好的哲学洞见，这一点可以从两个方面表现出来：

（1）如果把人之时间性看成人文主义哲学的第一个规定性，那么斯蒂格勒则将技术提升到与时间同等的地位，为人的时间性阐述提供了有效的介入口。时间性讨论中一个重要的维度是如何解释过去与未来，必须要对未来有一个良好的意识，这一意识使得"未来是可筹划的吗"成为真正的问题。阿伦·布洛克在《西方人文主义传统》（1985）指出"人类未来尚无定局"这意味着人类都是在变动中去构建自己的未来。作者从思想史的角度梳理了从文艺复兴、启蒙运动、19世纪到20世纪新人文主义的讨论，并给读者留下了一个开放性问题："20世纪的世界对人文主义传统价值观表现出十分的凶残和冷漠，新人文主义有前途吗？"阿伦的分析足够综合，却忽略了技术因素。当然这一点可以理解，长期从事历史学研究的阿伦未必会高度关注技术因素。我们把目光转向哲学领域，会发现有三个人讨论了与技术有关的人类未来的问题：海德格尔、伽达默尔和斯蒂格勒。在海德格尔看来，我们向死而生，这就是人之未来的形而上学界定。他在《致小岛武彦的一封信》中提出了这样一个问题：这条通向人类本己性的道路在哪里显示出来？他指出，在摆置之支配面前退缩和返回是一种合理选择。[2]伽达默尔则在《论未来的规划》中讨论了科学理性时代。人类未来是可筹划的吗？他指出了一种可能性："而我们时代科技梦幻曲则催使人类意识越来越进入梦乡。"[3]他通过解释学划定了界限："或许还有一个无人知晓但依然规定了一切不可逾越的界线。"[4]所以在海德格尔和伽达默尔这里，未来是可希望的，甚至是可以确保的。在这一问题，法国哲学家斯蒂格勒提出了不同的看法。他曾经发表的《被大数据裹挟的人类没有未来》《为了一个负熵的未来》（2016）给予我们足够的哲学洞见。面对新冠疫情，他提出的观点是"警钟已响，设想一个不可计算的未来"（2020）。这些篇目已经勾勒出了斯蒂格勒的对未来的看法：未来正掌握在一群愚蠢的人类手中。"将诸般机械模式强加于鲜活的现实（自然和人类），毒害着鲜活的现实。"具有破坏作用的模式被看作具有创造力和创新性的模式。"只要我们将所有决策都简化为一种计算的行为继续对一切事物施加着影响，我们就注定要经历劫难。"（《分支》，2020，*Les Liens qui Liberent*）。在计算的不可抗拒性与不可计算的未来中，或许斯蒂格勒更感受到了"计算"的不可抗拒性。如此，通过对海德格尔、伽达默尔、斯蒂格勒等哲学家和阿伦这位历史学家对未来观点的梳理可以看到：未来是可期望的，但是需要给予哲学的限定。所以，对"人文主义"这一哲学范畴的规范性使用就是把人文主义这种内涵规定性给予深度挖掘，这种挖掘会靠近时间的流逝性，会面对过去、当下和未来的三重维度，更会面对生命记忆的问题。

（2）人之有限性是使用人文主义哲学的第二个规定性。有限性意味着边界的存在。我们可以理解为时间上的有限性、空间上的边界性。那么就人类增强技术发展而言，人类增强技术的未来边界在哪里？斯蒂格勒提供了怎样的哲学洞见呢？人类增强的文化心理以及技术实现何止遮蔽了人类未来，更影响了我们对人之有限性的足够了解。然而，当我们回顾整个思想史，会发现人的有限性不断被放置到不同的观念框架下。在神—人对立的框架中，人的有限性是相对于神而言的，德国古典哲学家力图通过自我意识的活动与技术的实践活动来不断超越这种有限性。理性和技术的无限强大，完全让人类忘记了自身的有限性对人自身而言的意义。幸运的是从海德格尔开始，在利科等人的推动下，人类的有限性被充分地诠释了出来。从先验层面看，人是时间性存在（20世纪20年代的海德格尔）；从经验层面看，人是身体性存在（20世纪40年代的梅洛-庞蒂）、历史性存在（20世纪60年代的利科）、语言性存在（20世纪60年代的伽达默尔）、政治性存在（20 世纪 60 年代的沃格林）、技术性存在（20 世纪 80 年代的唐·伊德、斯蒂格勒）等。

当代增强技术是强调对人之有限性的突破，这是其特有的方向。其内在逻辑依然是现代技术的逻辑延伸，更加超越人的时间性存在（如通过记忆与意识上传追求永生），忽略了人之有限性的存在（如通过特定药物强化肉体的承受力），而人文主义哲学反思却是让人不断地意识到这两个界限。如何将这条边界线揭示出来让人知晓？延续这一逻辑任务，斯蒂格勒（2020）在边界的讨论上给出了一个技术哲学的规定，设想一个不可计算的未来，让算法时代的可计算技术变成不可计算的技术。他也为这个时代开出了一个药方：建议一套信息技术理论。如今我们已经无法验证他的这个药方了，但是一个问题依然有效：当代增强技术是否是基于可计算技术的产物？这种信息技术理论能否成为化解以及消除当代增强技术导致的完全增强的戾气？在笔者看来，面对上述问题，斯蒂格勒提供了有效的哲学洞见，而我们需要做的是澄清不可计算之物、不可数据化之物的哲学本质，以便让未来变得可期。

* 本文系国家社会科学基金重大项目"当代新兴增强技

　　　　　　　　　　　　技术有病，我没药

术前沿的人文主义哲学研究"（20&ZD045）阶段性成果。

【参考文献】

［1］许煜.递归与偶然［M］.苏子滢译.上海：华东师范大学出
　　版社，2020：33.

［2］［德］海德格尔.同一与差异［M］.孙周兴等译.北京：商务
　　印书馆，2011.

［3］林治贤.伽达默尔集［C］.上海：上海远东出版社，1997：
　　130.

［4］林治贤.伽达默尔集［C］.上海：上海远东出版社，1997：
　　133.

刘永谋、段伟文和闫宏秀等三位教授的稿件首发于《自然辩证法通讯》第42卷，2020年第11期。

技术与时间中的记忆线

闫宏秀

在斯蒂格勒关于技术的哲学考察中，记忆是一条重要的线索。在其思想体系中，记忆除了传统意义上的时间意蕴之外，更是贯穿在技术与时间内在关联中的一条主线。在其三卷本的《技术与时间》中，每卷都有关于记忆的研究，且表述多元：在第一卷《爱比米修斯的过失》中，有"裂变的记忆""技术化就是丧失记忆""内在环境就是社会化的记忆"等；在第二卷《迷失方向》中，有"第三记忆""记忆工业化""公正的记忆""作为记忆的技术"等；在第三卷《电影的时间与存在之痛的问题》中，"全球记忆术系统""对记忆的持留的物质性记录""记录技术"等。这些关于记忆的不同表达，一方面体现了斯蒂格勒在对柏拉图、亚里士多德、胡塞尔、柏格森等关于记忆思想的反思中,将勒鲁瓦-古兰的人类学与电影、录音、数字等技术发展所进行的融合;另一方面反映了这种融合之间依然存在裂缝。事实上,"将心理学家、历史学家和人类学家对记忆的理解加以联系并非易事,但是也特别具有启发性"[1]。

一、技术:程序"外延"的记忆载体?

在斯蒂格勒这里,个体的发展以"遗传记忆、神经记忆(后生成性)、技术和语言的记忆(我们将技术和语言混合在'外在化过程'之中)"[2]这三种记忆为基点。技术的出现是对爱比米修斯过失的一种应对,而"人类赖以生存的后种系生成的记忆是技术"。[3]依据此逻辑,记忆与爱比米修斯的过失在技术体系中蕴含着一种天然的内在关联。即,记忆是对某种过失的一种补余。回顾柏拉图关于记忆的描述,在《泰阿泰德篇》中,当欧几里得说出"单凭记忆当然不行。不过我当时一回家就做了一些笔记,后来空闲时又作了一些补充"[4]时,记忆载体就已经出现,并用来辅助记忆。同样,拼写文字、照相、唱片、互联网等技术都属于记忆载体。

在技术作为程序"外延"的记忆载体的过程中，技术开启了记忆的外化之路，实现了对记忆的媒介化保存。这种保存方式不仅仅是作为一种技术手段出场，而且还指向了记忆自身的形成逻辑。如，人类事务、思想等在被技术处理形成记忆载体的过程中，一方面是技术化的记忆载体为上述内容的不断呈现提供了可能，另一方面是带来了记忆的裂变。易言之，在记忆被技术化的那一刻，"记忆在摆脱遗传记录的基础上继续自己的解放进程，同时也留下了裂变的烙印，这些烙印留在石块、墙壁、书本、机器、玉石等一切形式的载体之上"（［2］，p.200）。

当斯蒂格勒完成了人类生物学意义上记忆的器具化或曰技术化考察时，记忆的丧失或中断开始出现，但记忆却又变成了界定人类的一个维度，"工具是一种真正的无生命而又生命化的记忆，它是定义人类有机体必不可少的有机化的无机物"（［2］，p.208），且与海德格尔关于存在中的遗忘问题紧密相关，因为当"将记载记忆作为存在的遗忘即是存在的命运"（［2］，p.5）。因此，斯蒂格勒关于技术作为程序"外延"的记忆载体是一种暗含矛盾的表达。这种表达既是一种过失，又是一种对过失的弥补。说其过失，是因为记忆本身就有遗忘的维度，技术化记忆不仅是记忆的外置，而且还是

技术有病，我没药

记忆的某种裂变；说其弥补，是因为记忆载体通过记录的方式使得遗忘在后续可以得到某种程度的减弱，并为记忆的重构提供了可能性。与此同时，在人类面对记忆载体所进行的记忆激活过程之中，记忆主体的界定、内容重构与真实性等问题出现在斯蒂格勒的研究之中。

二、记忆的工业化与"迷失"

保罗·利科认为记忆现象学围绕两个问题构建起来：对什么（quio）的记忆和记忆是谁（qui）的。[5]这两个问题的展开，在记忆工业化背景下变得重要。如当今的数字技术对人类日常生活的捕捉、获取以及留存带来了代具形式的外部记忆，为记忆提供了新的场所。这种新的场所就是斯蒂格勒所言的一种迷失方向，即技术发展带来的背景解体。"对什么的记忆"因技术对人类社会的日益渗透而将"什么"所包含的范围不断扩大；"记忆是谁的"在人与技术交互的过程中将记忆主体——"谁"变得更加多元，除了传统意义上的个体记忆、集体记忆等之外，数据记忆作为一种媒介将"谁"对"什么"的记忆带入了一种新的场所，并带出了空间的迷失与时间的悬置。

所谓时间的悬置，就是指在记忆工业化的背景下，数字、信息、网络等记忆技术的可重复性、实时性、不在场性等技术特性带来了时间的迷失，以及记忆的过去、现在与未来之间的界限模糊性。"一种新型的时间客体——也即可非线性的、可离散的客体，它是超视频链接科技的结果——的出现。"[6]这种超链接带出了记忆的真实性问题与记忆的政策问题等。其中，斯蒂格勒的"公正的记忆"指向关于记忆真实性的探讨，这种记忆是"包括立场的中正、对过去的公道、对正在发生和已经发生之事的记录的不偏不倚"（[3]，p.23），并指出这种记忆只有在镜影中才是公正的，譬如照相中的反射。可以看出，这种真实性是在强调记忆技术的客观性。然而，当今技术除了对世间事务记录的客观性之外，还有创构性的意蕴，斯蒂格勒在不确凿性与确凿性关系的讨论中所指出的方向调转就恰恰揭示出了记忆工业化中记忆真实性的复杂性。

　　在斯蒂格勒这里，记忆的工业化带来了空间的迷失、时间的迷失、记忆真实性迷失的同时，个体记忆与集体记忆在数字技术的推动下，全球记忆术体系出现，数据库、互联网成了两种记忆共同的场所之一。在该场所中，"'谁'在其不确定性中编程自己"（[3]，p.213），"谁"的问题就是记忆政策的问题；在该场所中，"谁"与"什么"的先后关系也是

　　　　　　　　　　　　　　　技术有病，我没药

不确定的，甚至应该说是一种类似于人类自身所产生的数据与人之间互构关系的不确定性。因此，迷失成了记忆工业化的一个产物。

三、第三记忆与未来

在斯蒂格勒的记忆研究中，对胡塞尔关于记忆研究的反思是其一个重要的部分。斯蒂格勒的"第三记忆"就是来自胡塞尔的图像意识，并与之相对应。"所有记录，无论其形式如何，都属于这一类型的记忆"（[6]，p.20），即"第三记忆"，其与作为瞬间把握的第一记忆和作为回忆的第二记忆不同，是作为对记忆丧失的填补。简言之，在斯蒂格勒看来，一切记录技术形成的记忆就是第三记忆，但在这三种记忆中，滞留从未缺席，且滞留的有限性是对记忆考察的一个重要维度。然而，技术的发展为滞留提供了不同的方式。如在约翰·洛克关于"保持"（retention，滞留）的解读中，将"遗忘和缓慢"视为记忆的两个缺点。[7]但在当今技术以保持为缺省值、以全面与实时为发展目标的过程中，遗忘和缓慢逐渐被技术消解，反倒是强调记忆需要遗忘，如被遗忘权已经进入了关于记忆的考察之中。

斯蒂格勒将"第三记忆"与第一记忆和第二记忆进行剥离的过程，事实上也是寻找三种记忆之间关联性的过程。如在其对电影的解析中，基于胡塞尔的再造的"自由"、再回忆中的前摄与双重意向性[8]等，描述了三种记忆之间的关联途径与融合方式。也就是说，在对胡塞尔记忆理论进行反思的过程中，又对诸如电影这样的记忆技术进行了基于胡塞尔框架的解读，但不同的是，记忆技术在发生变化。那么，在对技术与时间的未来考察中，记忆之线的价值需要进一步的挖掘。

当今记录存档模式的"第三记忆"，不仅仅是人类留存与获取记忆的场所，也使得"记忆变成了经济活动的主要场所"（[3]，p.146），变成了消费的对象与被消费的对象被聚合的界面，相应的，记忆的遴选准则和机制、记忆持留的时间与空间成了资本、政治等角逐的领域，或许"在未来，对导向机制的掌控，将会是对全球想象之物的掌控"（[6]，p.181）。此时，对"第三记忆"的考察既是对技术进行哲学考察的一个生长点，也是构建人类未来的一个关键点。

因此，斯蒂格勒关于记忆技术的解析虽然并非一个独立完整的体系，但却有其独到之处。这种研究从另一个视角呈现了技术的本质，更是带出了记忆在人类社会中的重要性，特别是在智能革命的背景下，关于记忆、技术与人类的未来探讨将是一个值得细究的论域。

＊本文系国家社会科学规划一般项目"数据记忆的伦理问题及治理研究"（项目批准号：19ZX043）的阶段性成果。

【参考文献】

［1］［英］莫里斯·E.F.布洛克.吾思鱼所思：人类学理解认知、记忆和识读的方式［M］.周雷译，上海：世纪出版集团，2013：92.

［2］［法］贝尔纳·斯蒂格勒.技术与时间·爱比米修斯的过失［M］.裴程译.南京：译林出版社，2000：208—209.

［3］［法］贝尔纳·斯蒂格勒.技术与时间·迷失方向［M］.赵和平、印螺译，南京：译林出版社，2010：4.

［4］［古希腊］柏拉图.柏拉图全集：第2卷［M］.王晓朝译.北京：北京人民出版社，2003：652.

［5］［法］保罗·利科.记忆，历史，遗忘［M］.李彦岑、陈颖译.上海：华东师范大学出版社，2018：3.

［6］［法］贝尔纳·斯蒂格勒.技术与时间·电影的时间与存在之痛的问题［M］.方尔平译.南京：译林出版社，2012：2—3.

［7］［英］约翰·洛克.论人类的认识（上）［M］.胡景钊译.上海：上海人民出版社，2017：123.

［8］［奥］埃德蒙德·胡塞尔.内时间意识现象学［M］.倪梁康译.北京：商务印书馆，2017：90，96，97.

6 技术时代的
哲学 "梦"

对时代精神的把握既是人类对哲学的历史总结，更是人类对哲学的未来期盼。当技术成为人类立足当下、通向未来的必备，而作为以思而自居的人类不愿成为无根基的技术化生存时，被深度科技化的人类情不自禁地将其目光转向了哲学，期望哲学能够照亮其前行的道路，助推其美好未来图景的描绘，确保自己可以美美地安身立命。那么，在技术时代，哲学能否满足人类对其的期盼，能否承载对未来的思忖呢？易言之，作为时代精神精华的哲学是否可以解码并该如何解码技术时代呢？

哲学何以解码技术：
技术哲学的未来路向

▇▇▇▇▇▇▇▇

闫宏秀

习近平总书记的在经济社会领域专家座谈会上的重要讲话中指出："时代课题是理论创新的驱动力。"面对技术时代课题，作为时代精神精华的哲学对技术的思考是其应有之义。马克思曾将技术视为一种革命性的力量，并指出"蒸汽、电力和自动纺织机甚至是比巴尔贝斯、拉斯拜尔和布朗基诸位公民更危险万分的革命家"。

当今的技术早已大大超越了马克思和卡普的时代，技术的日趋泛在化将人类裹挟。工业文明、信息文明等也相继出现在人类对其文明的表达之中。不过，令人困惑的是，旨在为人类带来福祉的技术却又被视为一种冲击人类本性、打破自然静谧、极具风险与不确定性的危险力量，且技术越发展，这种观点越被关注，并成为一个悖论。若技术时代的人类不愿意迷失方向，就应如陈昌曙先生所言"从哲学的观点去思考技术与未来，而且正由于事关未来的总体和大局，也有必要容许和接纳哲学的探讨"。长期以来，哲学之思与技术之力的角逐并非处于对等状态。这种不对等恰恰需要追问，技术时代，哲学何为？虽然技术哲学早在 19 世纪就已经出场，但是技术哲学的创新恰恰源自技术的发展。因此，需要结合时代背景，再度审视技术哲学的发展路向，进而实现对技术的有效解码。

从先验与经验的联袂中走向技术实践

技术的哲学元素和哲学的技术元素在技术时代巧妙地汇聚在一起，这使得基于技术的哲学反思和基于哲学的技术批判自然而然地构成了技术哲学的两条进路。先验在哲学中有着非常重要的地位，在关于技术的哲学解读中，以雅斯贝尔斯、海德格尔等为代表的经典技术哲学家就是以先验论为切入点，从宏观的视角，借助对技术的批判审视，展示了一幅与启蒙运动时代截然不同的技术画像，拓展并充实了关于技术的哲学解读。该画像中，技术衍生着异化，技术乐观主义图景也因技术发展所带来的负面效应而遭受质疑。该路径在对技术进行批判的基础上走向了对技术的否定、恐惧和悲观。如海德格尔的"座架"模式洞悉了技术对人与世界的促逼，但其为克服现代技术危险所开出的药方以及对技术本质解释的抽象性也正是因其先验性而遭遇质疑。在《技术哲学导论》中，德国学者弗里德里希·拉普指明了经验研究的重要性，因为"单凭演绎而不看经验事实根本无法充分地说明它们，只有在分析了与哲学有关的历史发展和由经验提供的技术的总体特点之后，才有可能确立一种基础坚实的形而上学解释"。毋庸置疑，技术哲学的先验研究也涉及关于技术的经验研究，但系统化的经验研究则肇始于技术哲学界对此问题的深度关注。

"经验转向"主要源自对经典技术哲学先验路径的反思与超越，其以面向社会和面向具体工程技术的研究应对先验路径的宏观与抽象，通过对技术本身的分析与描述而非对技术后果的批判来走出先验路径的悲观与后思。荷兰学者彼得·保罗·维贝克将经验研究视为探究技术本质的必备条件，并认为"一旦离开先验论的领域进入具体的物性，就能全面解读技术"。毫无疑问，这种研究抓住了技术哲学需要基于技术的本质。该路径在关于我们周围技术或技术物，如微波炉、长椅、手机、扶手、消防栓、可穿戴设备等的分析中解码技术的本质，但仅仅囿于经验的研究会因其过于具体的琐碎性描述而将哲学之维碎片化乃至遮蔽。

因此，对先验路径的经验之维关注与对经验路径的形而上之维揭示是哲学对技术进行解码的两个向度，即立足于先验的经验研究呈现技术哲学对时代的关注，立足于经验的先验研究助推技术哲学的理论发展。近年来，我国学者关于人工智能、生物技术、大数据等技术的哲学本质解析以及由其所引发问题的探讨等都是在寻求可行的技术哲学研究新路径。

需要注意的是，虽然技术哲学从其诞生以来常常被视为在努力追随技术的发展，但技术哲学并非仅仅是对技术的哲学脚注，而是在对技术本质的厘清中，走向技术实践。这种走向需要先验与经验的联袂，这种联袂包含两个方面：一是在对技术本质的形而上学探究中，需保持先验与经验的联袂；二是走向技术实践虽然是偏重经验的，但先验与经验的联袂才能确保这种走向的深度、力度与持久性。也正是通过这种联袂，技术哲学的技术性与哲学性才能进一步得以彰显。在技术日益智能化与自主化的当下，对技术背景下的人的本质、人类命运共同体、人类的未来等时代课题的探究，需要深入对技术的本质与人的本质的揭示之中才能更加有效地走向技术实践。

从对技术工具论的反思中审度技术伦理

技术工具论在技术的发展历程中有着悠久历史与深远影响。在海德格尔对现代技术的审视中，依然保留了技术是合目的的工具的技术观，这种保留意味着没有简单地否定技术工具论。1966 年，在与《明镜》记者的对话中，海德格尔将现代技术与工具进行了剥离，认为现代技术根本不是"工具"，而且不再和工具有什么相干了。从上述关于现代技术与工具关系的表述中，不难发现，现代技术因其对人类所产生的影响而早已超越了传统的技术，走向了对人类存在的构成。但并不是说将技术视为工具是完全错误的，而是说以技术的工具性为出发点，不能充分揭示现代技术的全貌，因而，技术工具论是局部有效的。

然而，也正是技术工具论的局部有效性使得对其的反思更为迫切，也更为慎重。说其迫切，是因为当今技术的发展带来了一种人类在使用工具的过程中被变成工具的感觉。比如在人与技术进行交互的界面化实践中，技术以工具的样式出场，但在技术的工具性表象之下却浮出了人的被工具化迹象，这迫使我们需要重新审视技术的工具性，进而避免人类自身的被工具化。说其慎重，是因为技术作为工具有其合理性，且为人所熟知。在日常生活中，智能增强技术、情感机器人、类人机器、脑机接口等新兴技术就是作为人类之外的工具而出场的。基于这种立场，当我们把技术工具论演绎为技术是人的工具时，显然不能恰当地体现当今技术的自主化与智能化；反之，若当今技术的发展迫使人成为技术的工具时，则人类的主体地位必将面临挑战，人类的未来必将是暗淡的。因此，技术哲学需要对技术工具论予以慎重反思。

学界关于技术与目的、技术与价值等内在关联的揭示冲击了技术工具论的理论根基——技术中性论。特别是由技术发展所蕴含的多种可能性而引发的技术效用不确定性，使得对技术所引发问题的考察陷入了僵局。如被技术裹挟的技术使用者责任问题界定僵局、智能技术的伦理地位辨析僵局等。

21世纪，技术哲学界的伦理转向作为对技术伦理问题的关注，特别是从技术内部进行伦理评估的路径就是源自对技术工具论的反思。对于技术发展的伦理反思还应关注一些特殊情况，譬如在疫情防控常态化的当下，一些老年人运用智能技术面临一系列现实困难，在需要查看防疫健康码的地方遇到不便。另外还有不同人群、不同地区间的技术差距导致出现的数字鸿沟等问题。数字鸿沟的消除可以通过研发新的技术工具，即技术问题通过技术来解决的方式进行应对，但更需要从技术与伦理的关联性着手。如在新冠肺炎疫情暴发后，我国的"健康码"作为旨在防控新冠病毒与确保人类健康的技术产品，促进了疫情的有效防控。但与此同时，无法使用"健康码"的群体即被该技术拒绝的群体也不在少数。这种现象并非简单的是技术不够成熟的表现，事实上，究其本质而言，是由技术工具论的伦理维度缺席所致。因此，技术的发展必须突破技术工具论的局部有效性，将伦理作为其内在的一个重要因素。

走向人与技术共融的技术哲学

在对野蛮性、神性、技术性等的区分中，人文主义从对人的关注出发，通过对人类主体性的揭示、理性精神的强调以及自我意识的关注等，确立了人类的地位、尊严与价值。这种区分暗含了人与非人的对立，如自然主义与人文主义、科学主义与人文主义、技术主义与人文主义等就是从不同维度彰显了这种对立。同样的，在这种对立中，人的有限性成了人文主义哲学对人理解的一个主要内容，而技术就是一直在力图超越这种有限性。在这种超越中，技术参与到了人自身、人的生存环境及人性的塑造之中。一方面，人类通过技术不断地增强自己，为生活提供更多便利；另一方面，人的主体性及其地位等遭遇到来自技术系统自主性与普遍性等的挑战。

反观人文主义的发展，技术之力一直备受关注。技术曾助推了人的主体性地位的确立，强化了以人之本的理念，但这并非技术之力的全部。如以卢梭为代表的浪漫主义式人文主义因技术所带来的功利化、道德沦丧等而将技术视作人的对立面，在对技术的批判与排斥中呼唤人性。现实是技术并未因此而退出，反而更为迅猛。因此，将人与技术置于两端的二元对立模式虽然充分揭示了技术与人的紧张关系，但并不能有效地指导人类未来。当然，值得肯定的是，这种模式在对人文主义进行反思的基础上充实了人文主义对技术及其自身的思考。

在某种意义上，技术的发展一直倒逼着关于人的本质和技术未来的思考。在推进技术快速发展的同时，我们也不能忘记马克思关于"我们的一切发现和进步，似乎结果是使物质力量具有理智生命，而人的生命则化为愚钝的物质力量"的警示。21世纪的智能技术、生物技术等开启了人与技术共融，进入了人与技术的新关联时代，这为人文主义提供了新的技术语境。因此，技术哲学应秉承传统人文主义对人的本质、人生的意义及价值的探究，但这种探究不是从人与技术对立之中，而是从人与技术共融的视角来审视人的自由、人的地位、人与技术的边界、技术治理与决策等的哲学依据。这种视角不是旨在强调技术对人的强势渗透，凸显技术的地位，而恰恰是旨在为新技术背景下守护人之为人的本质提供理论框架，凸显技术的地位，恰恰是旨在为新技术背景下的人之为人本质的守护提供理论框架，以强于物与强于德的有机融合指导技术赋能，警惕人被技术的取代与淹没。

综上，在技术时代，技术的迅猛发展为技术哲学的发展提供了新契机。技术哲学应通过跨学科的协同作战与技术哲学自身独特性的保有开启哲学解码技术之路，在对技术审视的基础之上，走向规范与引领，以慎思的哲学姿态拥抱技术。

（本文的删节稿发表于《光明日报》2020年12月14日15版）

技术有病，我没药

面向深度科技化时代的中国智慧

段伟文

进入 21 世纪以来，在信息通信技术、生命科技、数据与智能科技等新兴科技的推动下，世界进入了一个新的技术时代。单从技术形态的角度来看，当前的技术时代，显然有别于海德格尔和埃吕尔批判现代技术和技术系统时所置身的那个技术时代，我们可以称之为技术时代 2.0。而更重要的是，在上一个技术时代置身其外的中国，无疑是当下新的技术时代的积极参与者和重要推动者，诸多创新和应用已然走到前沿甚至"无人区"。因此，当前中国技术哲学研究的出发点在于，一要致力于洞察我们所处的技术时代的基本特征，二应更多地审视身边的科技创新活动并及时作出有深度的回应。

从技术化科学到深度科技化时代

我们身处的新的技术时代有何基本特征呢？最重要的一点是由科学技术在原理和机制上的一体化所导致的世界与人类社会深度科技化的发展趋势。在中国由自然辩证法发展而来的科技哲学中，科技一体化可以明了地解释为科学技术化与技术科学化。而西方技术哲学与科学技术社会研究中所提出的科学与技术日益结合为"技术化科学"（technoscience，又译技性科学、技科等）的论点，所凸显的也是这一点。考虑到其内涵对科学、技术与社会的复杂纠缠及其实践整合的强调，"技术化科学"在中文中最接近的语义其实就是"科技"。在中国的语境中，至少新兴技术也可以称为新兴科技。

正是在科学与技术加速整合的态势下，深度科技化成为新的技术时代的基本特征，而这一特征主要表现在**世界的技术重构**、**社会的技术型构**和**未来的技术创构**三个方面。

所谓**世界的技术重构**，就是通过对世界的物理、生命和信息机理的探究，寻求对世界（包括人类）有目的的干预、改造甚至再造，如纳米材料、转基因、脑机接口和虚拟现实等。与传统的机械、电力、能源和化工等技术相比较，方兴未艾的新兴技术对于世界的改变不仅仅是将自然资源和自然力转化为有形的技术对象，而试图在微观结构、遗传信息和信息交互层面重构世界。从自然主义的立场来看，这些对世界物质结构和生命过程本身的深度变造，可被视为对世界的本体重构，这些技术可称为本体改造技术。从石墨烯到基因编辑，固然有巨大的创新潜能，但问题是这些技术再造不仅无法直观可见，而且在科学上还远未能掌握其全部机理。因此，将世界交给技术重构或再造，实际上处于人类认知能力的边缘，难免超出人的掌控能力，人类必须学会以伦理智慧应对其不确定性与风险。

社会的技术型构强调技术并非某种抽象的存在，而是强调正是技术与社会的动态互构，使我们置身类似于计算机配置的高度复杂的技术社会系统：像蛋白质结晶一样，这一聚合体是由人与人工物等各种异质性的技术要素与社会要素按照一定的结构组合而成的。而这一系统的结构及其机制使技术与社会处于持续的相互构造之中。这意味着技术活动中的各种选择是相关群体社会博弈和磋商的结果，反过来，技术社会系统也在定义和引导着其中的人与人工物，以技术和机器为中介规定着人与人之间的关系。

21 世纪以来，数字技术构建起了与自然生态和物质技术环境既平行又交缠的信息网络空间或数字平台，人的行为数据在当事人未必知情的情况下被采集和分析，各种隐形的算法据此进行精准营销和智能化管理。由此，个人的数据画像成为人的数据孪生，整个社会正在成为数据智能透视下的解析社会。这种基于数据行为主义的技术社会型构，使人的行为成为细粒化智能化监测与干预的对象，其无远弗届的普遍应用必然触及人的权利和尊严，人们不能不思考和探寻其应有的伦理边界。

　　未来的技术创构是一种由技术想象或科技乌托邦所引导的突破性创新愿景。目前，数字乌托邦主义等占主导地位的思维模式是以摩尔定律为代表的幂律思维，认为信息与智能等技术的指数化加速增长将导致机器超越人类的奇点的来临，强调人与机器的差异这一"第四间断"也将被科技打破（前三个被打破的间断分别是地球与其他天体、人与动物、理性与非理性），甚至指出机器进化将成为生命进化的新阶段。如泰格马克认为，随着超越人类智能的人工智能的出现，生命将进入可以自我改写硬件和软件的生命3.0阶段，强调应该从宇宙生命进化的维度，构建安全可信与负责任的人工智能。然而，这些充满着人类增强、赛博格、心灵上传的后人类叙事并不必然引导技术与人类的未来——它们不仅要受到技术可能性的制约，其"非人类中心"等立场更有待价值伦理层面的厘清。

鉴于深度科技化在以上三个方面的呈现，我们可以将新的技术时代称为世界与人类的深度科技化时代。毋庸置疑，深度科技化带来的一系列重构、型构和创构，使得技术对世界、人类和未来呈现出多重不透明性，亟待相应地展开深度的哲学反思和系统的伦理审度。

更重要的是，我们要有一种历史与思想的自觉，那就是这些反思和审度是在中国走在科技强国之路上的当下语境中进行的；从科技创新和应用的总体态势来看，我们已经站立在科技与价值相冲撞的潮头和激流之中，只能依靠自身对切身经验的思考直面深度科技化时代的挑战。为此，面向深度科技化时代的伦理审度与调适，应该在理论与实践层面迈出四个具有中国思维特质的新向度。

有机整体论与开放性的实践智慧

一则，可从中国思想所擅长的有机整体论视角出发，拓展关系哲学和生成哲学的向度，在对人与技术、人与自然、人与机器的关系的理解与安排上走出二元论的思维架构，寻求更具开放性的实践智慧。在中国思想中，科技对世界和人的构建是具有局限性的"术"，而"术"的运用需要"道"来驾驭，人与器也应保持适当距离以免沉溺其中。

在加速变迁的深度科技化时代，应该搁置技术乐观主义与悲观主义、技术决定论与社会建构论、古典技艺与现代技术、解放与束缚、自由与控制乃至器与道等观念层面的二元对立，转而从人与世界和技术的共生关系的生成和安身立命的维度，主动直面技术时代引发的总体性和大尺度问题。一方面，对技术的伦理追问，不应仅关注已存在的价值冲突或被动地等待伦理难题的出现，而应该通过具有连续性和加速度的思考，让思想站在不断变迁的技术的前面，积极地对其进行前瞻性评估，全面权衡其可能的伦理影响。另一方面，应该意识到技术伦理审度的关键，在于揭示技术对世界、社会和未来的构建中固有的不透明性。为此，应持续地质疑各种貌似显而易见和理所当然的技术社会系统，洞察新技术的可能前景，透过对包括宣传与造势等在内的技术叙事揭示其隐藏的运作机制，使其中可能存在的不确定性风险、偏见与歧视、不公正与不平等的情况得到充分披露，使技术滥用和技术失控的危险得以及时地被纳入伦理辨析与考量之中。

在此过程中，中国思想中"执中"与"权变"观念的运用尤为重要。所谓"执中"，就是要拓展视野以超越对立的视角，从而在更大的整体视野中形成通观；所谓"权变"，就是辨时应势，唯变所适，实现不同视角和力量的在实践中的动态协调。进一步而言，这种主动敏捷而执中有权的技术伦理审度，旨在激发人们在深度科技化时代发展出一种新的美德伦理。这一美德伦理的构建，旨在促使人们形成和保持对其技术化生存境遇的道德敏感性，通过不断自我提升，养成敏锐的道德洞察力等技术时代应该具备的道德能力与伦理素养。这种伦理素养强调的是一种整体性的"技术—伦理"认知能力，它将关心人设定为解决问题的最终目的，强调洞悉事实与解决问题的能力和保持价值敏感性与落实人文关怀的融通。

具体而言，一方面，这种伦理素养强调，在对技术活动中不同能动者之间相互冲突与纠缠的价值进行具体分析的基础上，力图通过对现实利益的权衡，寻找相关伦理问题在实践中可为多方接受的次优解；另一方面，这种伦理素养立足对科技固有的无知和技术构建中内在的不透明性的认知，力图超越基于成本—收益分析和风险—受益比的现实抉择，针对技术可能带来的长远的个人与公共利益问题展开不懈的质疑。毋庸置疑，这种伦理素养是"天行健，君子自强不息"

的君子之道的应有之义。

参赞天地之化育与创构共生之路

二则，可从"参赞天地之化育"的向度，重新思考人类与自然和技术共生的可能性。近年来，面对中国对新技术时代的拥抱，斯蒂格勒和孙周兴在中国思想界对"人类世"或"人类纪"进行了讨论，许煜探讨了中国技术问题和以基于中国思想的宇宙技术奠基不同于控制论的科技未来的可能性。同时《三体》《北京折叠》《中华未来主义》等文艺作品也从不尽相同的维度，展现了中国与科技未来的不同意象之间的张力。

而这次疫情的暴发表明，人类现在的科技远未窥见自然的无穷奥秘。因此，人们既要保持敬畏自然意义上的谦逊，又要真切地承认，面对新兴技术的巨大力量及其高度不确定风险的挑战，人类对技术的控制力的绝对不足，因而必须使得保持谦逊成为深度科技化时代的道德命令。

如果说"如何科技地居住在这个世界上"是一个由世界传导到中国的存在主义难题，在方兴未艾的深度科技化时代，则是该由我们拿出可以从中国传导到世界的应对之道的

技术有病，我没药

时候了。其关键在于，人如何积极有为地参与技术对世界、社会与未来的构建之中。

对此，中国思想强调人应该"参赞天地之化育"，促使科技尽人之性、尽物之性、尽己之性、尽天地之性。如果以"尽性"作为科技的目标，就更容易认识到，技术对世界、社会和未来的深度构建应该以万物尽性而共生为限。为此，技术对世界的重构，要充分考量自然生态和人类生命的脆弱性，技术对社会的型构要有助于给人创造自由而全面发展的空间，技术对未来的创构要以人可以承受的节奏推进，而不应让人为技术进步付出过高的代价。从安身立命的维度来看，置身深度科技化时代的"科技智人"，应通过技术化生存实践的磨难与历练，养成在技术社会系统中独自生活与群体生活的生存智慧，形成人与自然和技术创构共生的未来观和宇宙生命观。

基于技术赋能的技术善用路线图

三则，可从技术赋能的向度探讨技术善用或科技向善的路线图。从以人为本的角度来看，科技创新应该是一种赋能活动。中国在文化和制度上可更充分地发挥其以技术促进群体团结和共同发展的文化价值旨趣，探寻技术善用或科技向善的中国路径。

一是技术赋能由以追求商业与行政效率为主的转向更具普惠性的技术赋能和技术赋权。一方面，使技术更好地赋能社会，让不同的个体和群体能够更加有效和公平地接近科技资源、分享科技红利、消弭技术鸿沟。另一方面，以赋能促进赋权，通过科技赋能赋予社会生活中的个人和群体以更大的成就自我与社群的空间。

二是恰当运用技术的调节功能，科技创新与社会创新相结合，促使科技的杠杆朝着有益社会进步的方向撬动。其策略是以有约束力的技术手段对科技创新和应用中的人与人、人与技术之间的关系作出必要的调整，使人们在科技时代的生活更加美好和谐。在此过程中，应在反复测试和细粒度调适的基础上，有审慎的动态协调。

参与式预见与科技伦理社群共建

四则，可展开"技术—伦理"参与式预见，推动科技伦理的敏捷治理与共建实践。新兴科技的试验性与高度不确定性使得科技伦理治理必须不断地探索新的方法与工具，更好地预见未来和更有效地鼓励公众参与，进而通过系统的价值厘清与权衡机制，形成兼具包容性和稳健性的伦理决策。

为此，一方面，可以综合运用伦理原则与标准、伦理矩阵、建设性与参与性评估、伦理预见与影响评估等科技伦理工具，对具体的科技应用与场景的伦理风险进行具有可操作性的预见和分析。例如，运用伦理矩阵这种技术伦理预见工具，可以站在新技术所涉及的不同利益相关者的角度，不仅使得技术对不同群体的价值和伦理影响得到更全面的展现，还可将福祉、公正、不伤害等抽象的伦理原则落实为不同群体的具体权利和责任。

另一方面，应在此基础上，探讨如何构建具有整体性、容错性和敏捷性的国家乃至全球科技伦理治理架构的可能方案。值得指出的是，在新兴科技伦理治理中，中国正在通过试验推广和重点突破的策略探寻适应性与敏捷治理之路。例如，根据科技部印发的《国家新一代人工智能创新发展试验区建设工作指引》（2019），上海等创新试验区，已在人工智能法律法规、伦理规范、安全监管等方面展开试验探索。又如，在一般科技伦理审查制度尚未建立的情况下，面对疫情挑战，相关部门针对突发应急状态下的科技伦理审查制度进行了调研。

目前，面对人工智能等新兴科技创新所带来的诸多颠覆性的价值伦理挑战，从中国到世界所面对的共同难题是，如何避免由此带来的不可接受的伦理风险，缓解全社会从创新者到消费者普遍存在的伦理焦虑，走出人工智能等领域出现的"伦理洗礼"之类落地困境。鉴于造成这些难题的根本原因在于，在从伦理规范走向伦理实践的过程中，相关主体和群体的价值诉求各异，难免出现各种复杂的利益冲突。由此，科技创新的设计者、开发者、部署者和普通用户与公众应该走出原有的共同体和圈子，以具体的颠覆性科技应用场景为纽带，构建起由相关群体参与的科技伦理共建社群，通过责任与信任机制的重构，促使科技伦理建设尽快从目前的原则规范制定阶段转向多元主体协商共建的实践阶段。在科技伦理社群共建中，重视社会团结的中国价值观应该可以发挥积极的促进作用。

展望深度科技化时代与人类未来，中国智慧不能缺席。

（本文的删节稿发表于《光明日报》2020 年 12 月 21 日15 版）

技术有病，我没药

技术哲学现状与未来生长点

▬▬

杨庆峰

大约 20 年前，技术哲学开启了经验转向，经过多年发展，其自身的经验特性更加明显。技术哲学在关注与分析诸多新型经验技术的同时，也跨出了自身的界限，与伦理学、认知科学哲学、政治哲学等多个学科进行深度融合，这种转向对于技术哲学发展而言是好是坏还需经实践与时间检验。一些技术哲学家已开始有意识地反思经验转向，"描述性的价值论转向"就是这种反思的新近声音，但这仍显不足，需要我们更深层次地反思这一转向。

技术哲学在经验转向惯性中行进

当前，技术哲学依然在经验转向的惯性中前进，只是逐渐分化为围绕经验技术和跨界两种形式。

1. 围绕经验技术的哲学分析。技术哲学家们热衷于讨论更新的经验技术。2019 年，很多技术哲学家的注意力被吸引到数字技术、大数据、人工智能、生命技术、光遗传技术等领域，技术与人类的关系分析得到了更进一步的完善。尤其是大数据、人工智能、区块链等技术的出现，更是将技术与公正、民主等政治哲学领域的话题重新激活，使其成为讨论焦点。老一辈的技术哲学家不仅关心新型技术发展，更是显示出反思智慧。比如，美国哲学家伊德（Don Ihde）将后现象学的关注点转向地方（place）问题；美国哲学家米切姆（Carl Mitcham）对能源技术进行了深入的哲学思考；等等。

2. 技术哲学的跨界趋势更加明显。由于技术与公正、民主等问题的凸显，技术哲学与伦理学、历史哲学、社会哲学、政治哲学的跨界更加明显。这些跨界研究更是逐步摆脱了以往的先验束缚，显示出围绕经验问题探讨的特征。此外，还有一种独特的跨界现象：更多的现象学家开始涌入技术哲学，并展开了对上述经验技术的反思。在这一过程中，他们的研究形成了完全不同的对经验技术进行研究的精神气质。

技术哲学未来生长点

对技术哲学未来生长点的展望建立于反思经验转向的惯性之上，我们大致可以推断八个呈现出明显特征的未来生长点。

1. 技术—科学的研究继续有学者在推进。技术与科学的关系是技术哲学思考的基本问题，也是伊德曾着力展开的一个方向，很多学者沿此方向继续开拓，比如，德国技术哲学家阿尔弗雷德·诺曼编辑出版了《技科学的历史与哲学》。但是，当前技术与科学的关系完全不同于 100 多年前科学支配技术应用的模式，需要学者们对二者的新关系样态作出新的描述与解释。

2. 社会—政治语境下的技术伦理与治理问题研究已成热点。这一研究方向主要表现为两个合拢：一是技术哲学与技术伦理学合拢。由于人工智能、大数据发展带来了新的伦理问题，技术哲学将目光指向了伦理问题，并从技术本质、技术与人性等关系出发分析上述伦理问题产生的深层次根源，比如，美国哲学家修海乐（Harold Sjursen）多年从事工程伦理教育的研究与实践。二是技术伦理与治理方案的合拢。哲学家、管理学家、政治科学家和法律学者坐在一起，探讨数据技术、生物技术等所引发的伦理问题的治理方案。其整体思路体现了对人类生活本身的设计指向，比如，美国生物伦理学家卡恩（Jeffrey Kahn）基于基因组编辑逐渐从避免疾病向设计生活的转变，思考其内在的伦理问题。

3. 现象学技术哲学逐渐发展壮大。经过多年积累，现象学技术哲学颇成气候，并从两个方面合拢壮大。一方面，欧洲技术哲学家通过现象学方法来探讨技术现象开创了新的领域。比如，荷兰哲学家维贝克（P. P. Verbeek）在继承伊德的基础上，使得后现象学颇具规模；德国技术哲学家略奥迪特（Sophie Loidolt）延续着现象学传统思考伦理、政治领域中的主体性、他者和多元性问题；等等。另一方面，先验现象学家将意识分析与技术哲学、认知科学和人工智能等领域进行融合。德雷福斯（Hubert Dreyfus）、扎哈维（Dan Zahavi）和莫兰（Dermot Moran）等现象学家提出的具身认知概念逐渐发展成熟，通过人工智能的旋涡而进入技术哲学相关话题的讨论。现象学家开始回应神经科学家和人工智能专家提出的一些终极问题。

4. 分析的技术哲学依然强劲。分析的技术哲学有别于传统的批判和现象学传统。拉普（Friedrich Rapp）著有《分析的技术哲学》，之后在荷兰技术哲学家克劳斯（Peter Kroes）与梅耶斯（Anthonie Meijers）等人的推动下，分析的技术哲学逐步获得发展，并在反思"形式—功能"的二元论模式下作出了重要贡献。同时，这一领域在国内获得越来越多的关注。

5. 人工智能哲学研究成为热点。 从技术角度看，技术哲学与人工智能哲学具有天然联系。除了弗洛里迪（Luciano Floridi）、波斯特姆（Nick Bostrom）、维贝克的工作以外，德国技术哲学家在这一方面崭露头角，比如，卡明斯基（Andreas Kaminski）目前从事机器学习和计算机模拟方面的研究；格兰斯（Bruno Gransche）从事人—机关系相关问题的研究；麦泽（Klaus Mainzer）研究人工智能的逻辑基础、技术—科学世界的未来问题。此外，人工智能的数据、算法以及深度学习、GAN 图像生成等领域提出了新的哲学问题，有待技术哲学进行回应。令人遗憾的是，技术哲学尚未有效发挥其先天优势，现象学、数据哲学、心灵哲学、记忆哲学等反而显示出更多的优势。人工意识、数据经验、机器认知与行为等逐渐成为技术哲学必须面对的领域。

6. 技术人类学将成为未来的热点领域。 当前，技术时代提出的问题正在从"人是什么"向"何以成人"转变。

在"人类纪""后人类""超人类"等概念的引导下，技术人类学获得了新的发展可能性。比如，哈拉维（Donna Haraway）、斯蒂格勒（Bernard Stiegler）、斯洛特戴克（Peter Sloterdijk）等人讨论了人类纪的政治—哲学维度。之前被人们所忽视的法国技术哲学的人类学特征被逐步揭示出来，尤其隐藏在斯蒂格勒思想深处的人类学源头，即勒鲁瓦-古兰的著作，越来越多地被人们所接触和阅读。

7. 技术与新艺术的关系研究。随着虚拟技术、人工智能的发展，数字艺术、虚拟艺术、智能艺术、算法艺术已成为艺术领域出现的新形式。新艺术形式呼唤技术哲学家阐明交互艺术、虚拟艺术及算法艺术的哲学本质。人工智能领域，如智能体、GAN算法提出的自主意识、创造性等，更是成为艺术理论家和技术哲学家共同思考的问题。

8. 其他特殊技术哲学问题。大多数技术哲学家关注的还是与生活世界密切相关的技术类型，这导致特殊领域技术哲学分支的蓬勃发展，如信息本体论、媒介技术哲学、图像技术哲学、数据技术哲学等。除上述领域外，尚有一些独特领域的问题有待哲学家加以关注，如能源、气候变暖、可持续发展等方面的哲学问题。此外，与衰老、健康、延长生命、记忆复制与移植等特定生命领域有关的技术哲学问题也变得紧迫起来。

　　以上八个生长点不可能涵盖所有问题，技术哲学指向未来，是对未来科技形态和人类命运的关注。随着人类逐渐走入人工智能时代，技术理解已显示出超越经验工具的迹象。对经验转向过程中指向技术的工具论观念进行反思，工具论的观念已抵达技术反思的边界，无法回应诸如这样的问题：人工智能时代技术理解的边界在何处；技术哲学何为；等等。经验转向的惯性力量最终会消失殆尽，理解边界处，技术已超越工具和视域的限度，作为他者的技术形象正逐渐悄然形成。

　　（原文发表于《中国社会科学报》2019年终特刊：科学与人文。）

技治社会的治理变革

———

刘永谋

　　我们的时代，无疑是一个技术时代。技术不仅被用于改造自然界，还被广泛运用于社会治理之中。近年来，随着物联网、大数据、云计算、虚拟实在、区块链以及人工智能等信息通信技术迅猛发展，智能革命方兴未艾，加速推进技术治理深入社会运行的方方面面。从治理变革的角度看，当代社会正在迈入技治社会，技治与法治、德治共同成为当代治理活动的基本形式。

"智能治理的综合"

　　在技治社会中，知识与人在治理情境中结合起来。二

　　　　　　　　　　　　　技术有病，我没药

者结合得越好，技治效率越高。很多学科知识均可运用于治理，不同学科基础的治理方案各具特色。

以物理学为基础的技治方案，如斯科特（Howard Scott）的"高能社会"，往往将社会视为能量转换和利用的"大机器"，主张通过社会测量查明整个社会的能量状况，进而实现生产和消费的物理学平衡，给社会成员提供舒适的物质生活。

以心理学为基础的技治方案，如斯金纳（B. F. Skinner）的"瓦尔登湖第二"社区，最大的特点是用心理学方法对社会成员的情绪和行为进行一定程度的管理、改造和控制，消除不利的心理状态，鼓励有利的个体行为，使之符合技治目标，提升整个社会的运行效率。

以生物学为基础的技治方案，如威尔斯（H. G. Wells）的"世界国"，主张用生物学的方法提升社会成员的身体和精神两方面的状态：未来的人类不仅道德水平极高，人性也与今日迥异，身体素质和智力水平也将远超今日，在此基础上技治社会得以高效运转。

以管理学为基础的技治方案，如伯恩哈姆（James Burnham）的"经理社会"，主张用专业的管理技术来运行整个社会，包括公司、政府和其他社会组织机构，摆脱所有者对实际经营者的干扰，组织和协调治理活动所涉及的诸种人财物因素，扩展国有经济，融合政治与经济，交由职业经理人管理。

以经济学为基础的技治方案，如纽拉特（Otto Neurath）的"管理经济社会"，强调在更大范围实行中央计划调节，有规律地进行生产而非依赖盲目的市场调节，并以经济计划为核心实施各种社会工程，不断对整个社会进行改良，最后走向社会主义。

无论哪一种治理技术，都必须精确地把握治理对象的即时信息。智能革命兴起以来，技术治理将逐渐以信息技术和智能技术为基础，将各种科学原理和技术方法综合运用于治理活动中，可以称之为"智能治理的综合"。这从总体上提升局部社会工程的水平，改变技术治理运行的形式。

在技治社会中，人们的知识观念将发生重要改变。

首先，知识日益实用化。技治知识生产的目标是效率，而非传统意义的真理。或者说，知识有用才是知识，科学、真理与价值、善直接结合在一起。

其次，知识日益操作化。技治知识导向治理行动，控制代替理解成为技术化科学（technoscience）的目标。此时，真理在很大程度上被理解为可操作性，通过改变自变量求得相应的行为结果。

再次，知识日益权力化。传统观念将知识视为独立于权力和政治的中立性力量，而技治知识是与治理行动是紧密连接的，更多知识意味着更大的行动力量。在技治社会中，对知识的传统真理尊崇将逐渐消失，代之以对知识力量的威权尊崇。

最后，技术知识日益泛化。当社会行动强调以技术的名义获得合理性时，形形色色的技术知识必然暴涨，各个领域都将涌现出大量新技术，技术与技艺将很难区分。并且，以技术为名的"伪技术治理"现象会日益盛行：打着技术的旗号，实际上并不运用科学原理和技术方法。

"科学人的诞生"

技治社会不断推进，人类对自身的认识逐渐发生根本性转变：人的形象或人学，不再由哲学、文学或宗教、神话来勾勒，而越来越多地由科技来阐释，可称之为"科学人的诞生"。在很大程度上，人的行为和情感被还原为与物理、化学、生物和环境等诸变量相一致的函数关系，可以通过改变自变量而加以调节。由此，"科学人"成为遵循操作规则的可治理、待治理之对象，这是技治社会中人的根本规定。

在技治社会中，自然之技治不能容忍荒野，人之技治不能容忍野蛮。所有人可以被预测、改造和控制，而且也应当如此，融入整个社会的效率目标当中。实验室逻辑扩展至自然界造就人工自然，渗透到社会塑成技治社会，自此整个世界在某种意义上成为巨大的实验室。

在技治社会中，人人都在技术治理之中，既包括治理者，也包括被治理者。为提高社会运行效率，既可以用技术方法训练出更适于治理的被治理者，也可用技术方法挑选更适于控制他人的治理者。同一个主体有时是治理者，有时又是被治理者。通过训练被治理者实施技治，可以称之为"能动者改造路径"，而挑选治理者实施技治，可以称之为"专家遴选路径"。当然，更多的时候是将被治理者规训与治理者优选结合起来。

"能动者改造"可以运用多种技术手段，沿不同的思路加以实施，比如用技术方法改善个体道德水平的人性进步思路，用技术方法调节个体心理状态的情绪管理思路，用技术方法来控制个体行为的行为控制思路，用技术方法增强能动者的身体和智力的人类增强思路，以及用技术方法塑造协作、利他和高效社区的群体调节思路。总之，技术治理认为存在着更好的被治理者，人类应该一代代向前进化，而不是停留在亘古不变的永恒"人性"之中。显然，技治主义者如果过于追求完美被治理者，很容易陷入苛政甚至极权的泥沼中。

"专家遴选"亦包括许多方法，根据所选的专家主要可以分为：（1）工程师领导，包括自然工程师和社会工程师；（2）知识分子领导，包括科学家、技术专家、社会科学家和人文知识分子；（3）管理者领导，包括高中低不同层级的职业经理人和管理人员；（4）经济学家领导，主要指的是社会宏观经济运行方面；（5）理想中的德才兼备的领导者，如《现代乌托邦》中设想的"武士"阶层。因此，在技治社会中，专家并非经济和政治地位相同的"新阶级"，而是目标分歧的异质性群体，内部存在着不同的目标、价值观、矛盾冲突和专家层级。

技治社会的兴起

与传统社会相比，技治社会特点突出。

技治社会是具备足够"社会自觉"的智能社会。所谓"社会自觉"概念，将社会视为能完成适应性的刺激——反应行动的"类生命体"，指社会能即时"了解"自身的状态，进而"思考"自身前进的方向。显然，智能技术大规模推进之后，社会才可能"了解"和"思考"。此时，技治社会能迅速"感受"内外刺激，给出技术化的操作反应，并根据反馈不断调整，摆脱传统社会盲目的"本能"应对方式。隐喻地说，技治社会具备足够的"智能"。

技治社会是大规模预测、规划和控制的控制论社会。控制社会发展的想法，源远流长，但大规模地实施到21世纪之交才真正具备技术条件。和传统的社会控制思想相比，技治社会不再设定理想社会终极蓝图，而是根据具体情况不断修正社会目标。技术治理的目标不是某种乌托邦，而是实现更多的局部控制，提高社会运行效率。因此，运用各种技术手段努力，技治社会努力减少对世界的未知状态，朝着即时、连续、全面认知的方向前进，通过计算分析、反馈规划和公共治理，减少浪费、失误、偏差和偶然性，控制社会的风险和不确定性。

技治社会是科学运行和专家治理的技术决定论社会。技术发展在何种程度上决定技治社会的发展还有待观察，但乐观的技术决定论肯定是技治社会最重要的意识形态观念。无论实施何种技治模式，技治社会必然坚持科学运行和专家治理两大基本治理原则，前者主张用科学原理和技术方法来运行社会，后者主张由受过系统科学技术教育的专家掌握更多的治理权力。并且，技术知识生产部门成为技治社会的核心结构，而控制技术亦成为技治国家的基础性任务。

技治社会是富裕与风险并存的政治经济学社会。此时，社会生产力发展到新的阶段，即劳动者生产的物质财富已经能够满足社会成员舒适生活的需求——这一点在自动化和机器人推进后愈来愈明显。问题不再是如何生产更多的商品，而是如何公正而合理地分配它们，必须将经济制度和政治制度结合起来考虑，才可能妥善解决。技治社会充斥更多的社会风险，尤其是政治风险。并且，新技术手段在控制风险的时候，同时也增加危机一旦爆发的危险性。新冠病毒借助全球交通运输网络，在极短时间中成为全球性瘟疫，便是极好的例子。

随着技治社会深入发展，诸多与人类命运息息相关的新情况、新问题持续不断涌现，需要进行批判性的反思。比如，专家与大众、政治家之间的关系如何处理，应当赋予专家何种权限，如何设置专家认证资格和晋升标准，人的自由与技术治理之间如何平衡，等等。与法治、德治相比，技治既有长处，也有缺陷，有它适用的范围。比如民主制如何约束技治制，智能技术在治理运用中的风险，如何补偿技治失灵的情况，等等。总之，必须根据中国国情，以问题学而非体系化的方式来进行，对技治社会和技术治理进行认真研究。反过来，技治社会与技术治理的兴起，给学术研究提供了丰富素材和重要机遇。

（原文发表于《中国社会科学报》2021年2月2日，题名"反思技术时代的治理变革"。）

7 与技术缠斗的命运

我们已经站在信息时代的边缘，感受到信息文明迎面吹来的劲风，也许与技术缠斗是必然的，缠斗中恰好可以认识自己。信息时代人类与技术之间的关系发生了怎样的变化？我们能否拥有利器来应对信息时代给予我们的挑战？开卷有

技术有病，我没药

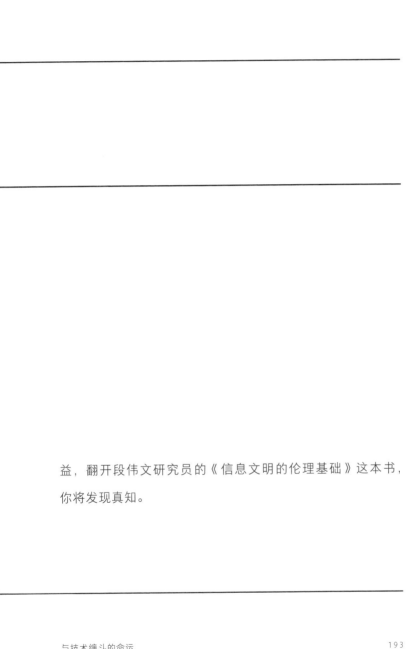

益，翻开段伟文研究员的《信息文明的伦理基础》这本书，你将发现真知。

智能化数据解析社会的
政治伦理考量

段伟文

　　近年来，人工智能应用的热点是数据智能，其主要背景是世界的数据化。所谓世界的数据化，简单讲就是：世界就是数据，数据就是世界。什么是数据？英文中的数据一词是data，但其内涵不仅与数字或科学观测有关，更是对世界的记录。当初傅统先在译杜威的《确定性的寻求》时，将 data 翻译为素材。当前，我们所说的大数据和数据智能中的数据的含义就是素材，更确切讲是电子化的素材，比方说报告的录音、录像等。有些素材的元数据是可以量化和结构化的，这些数据起到了测量世界和人的行为过程的作用。近年来，由于素材或数据存储与处理的成本不断降低，我们能够把很多东西记录下来，虽然记录的时候有各种各样的目的，一旦记录下来以后就可以变成素材而用于别的方面，如可作为其他主题的数据挖掘之用。值得指出的是，当我们讲"世界就是数据"和"数据就是世界"时，应该看到所谓的世界的数据化并不是抽象的，用数据呈现世界和人的行为的方式取决于具体的记录、传感、测量和分析技术，而任何方式都会突出与强化世界与人的行为的某些方面而忽视与弱化另一些方面。

数据智能和智能算法的应用是现代社会治理与个人治理日益量化的最新表现，这一趋势与发端于17世纪的"政治算术"、始于19世纪的"控制革命"密切相关，其新近的发展正在导致"解析社会"的来临。首先，所谓政治算术可以追溯至17世纪刚兴起的统计学的社会应用。当时，统计学的社会应用的倡导者将统计学称为"政治算术"，当时的哲学家和古典经济学家威廉·配第还专门写了本题为《政治算术》的小册子，以强调统计数字对于政治具有至关重要的作用。其次，使政治算术的理念得以普遍推行的则是被称为"控制革命"的信息技术的发展。20世纪80年代，信息技术史家贝尼格（James R. Beniger）在《控制革命》一书中指出，19世纪以来，信息技术的发展实质上是为了克服由城市化和大工业生产所带来的控制的危机而形成的一系列控制革命。

20世纪的最后30年间，伴随着对以工业化为特征的现代化的弊端的反思，微电子、个人计算机、网络和移动通信等信息通信技术的发展为信息化开辟了道路，其间不仅涌现出后工业社会和第三次浪潮等社会理论与未来学思潮，而且还由反主流文化孕育出为虚拟空间奠基的赛博文化，其结果导致了 20 世纪末具有虚拟性、匿名性和多主体交互性的网络空间的崛起。但这种貌似个体可以通过虚拟的网络空间摆脱现实社会制约的幻象很快就破灭了。随着谷歌搜索对百科全书检索式的雅虎等早期门户网站的超越以及 Web2.0 和网络社交新媒体的发展，用户网络活动所生成的内容即 UGC（User-generated content）不仅使网络为用户数据所驱动，而且这些数据反过来成为人们的数据足迹。随着移动互联网、网络社交媒体、智能手机、可穿戴设备等信息技术的发展和各种数据的指数化增长，对人的线上和线下行为数据的搜集和分析则可能使每个人成为被追踪、观测、分析的对象，数据的掌握者由此可对数据进行认知计算，借助一定的算法对数据主体展开行为评分和内容推荐，从而对人的行为进行评判、引导和干预。

不论是运用数据表征或干预世界和人的行为，还是运用各种可穿戴设备对数据采集与分析对他人或自己的生活进行量化自我等管理与治理，都预示着一个全新的社会——解析社会或数据解析社会的来临。数据解析社会这种新的社会形态是革命性的。一方面，数据所扮演的角色如同 13 世纪时出现的透镜，如果说透镜所制造的望远镜和显微镜让宇宙和微观世界得以清晰地观测与呈现，如今"数据透镜"则使人的行为得到量化的记录与透视；另一方面，就像 17 世纪笛卡儿发明解析几何使得自然界的结构与规律得以探究一样，数据分析与智能算法的应用正在使人的行为规律得到洞察和解析。

不论数据解析社会的构建如何展开，智能算法对人们生活的影响已无处不在。从企业对员工的评价、人事简历自动筛选、商业信用评分，到区域犯罪预测、城市警力分布、自我健康管理，数据分析与智能算法在人们生活中涉及的各种评价、筛选和决策中日渐扮演着举足轻重的角色，我们业已步入由算法规制生活和引导行为的算法生活时代。政府和企业为了各种目的在其管理和运营中引入了很多智能算法，这些算法在执行中会形成各种影响人的生活的算法权力。这种算法权力很容易遭到滥用，甚至会发展为所谓的算法霸权。首先，姑且不提算法可能存在的黑箱问题（不透明、不易解释等），供机器学习的数据，如大量罪犯行为数据本身是由人记录和处理的，本身就带有人的各种偏见（如种族偏见、社区偏见等），在此基础上所进行的算法决策很容易使这些偏见放大。其次，智能算法往往只考虑到某些特定的视角而缺乏整体性的思考。其三，智能算法中存在的不合理之处往往缺乏反馈与纠正的渠道，如果不能引入受到算法权力伤害或不公正对待的人能够及时参与的反馈纠错机制，算法的主导者很难主动发现问题并加以反思和修正。

进一步而言，智能算法的应用建立在一种基于预见的可能性而采取控制行动的政治逻辑之上，我们可以称之为可能性的政治。在斯皮尔伯格导演的电影《少数派报告》中对未实施的犯罪的阻止甚至惩罚虽然不一定发生，但数据分析和智能算法的控制者显然会用它们来预测、引导或阻止人的行为，不论其方式是柔性的计算机说服技术或智能化助推，还是刚性的简历筛选和对行动自由的限制，都体现了某种宰制性的权力或霸权。以所谓人的数据画像为例，虽然人的数据画像如同人的"数据孪生兄弟"，但其本身是没有主体性和能动性的，而只是体现了数据分析与智能算法的掌控者对数据画像的对象的主体性或能动性的猜测，其中所折射的是他人的主体性、能动性或意向性。因此，数据孪生兄弟实际上是缺失心灵的数据僵尸。

由此，要克服数据分析与智能算法的数据霸权与算法

技术有病，我没药

权力，应该从主体的能动性构建出发，使人的主体性、能动性或意向性免于被数据僵尸所取代的命运。这就要求我们通过与数据霸权与算法权力的缠斗寻求人的能动性与算法权力关系的再平衡：始终从使用者或人的角度去评判智能算法的合理性；智能算法应发挥普遍性赋能作用，使每个人的能力增强，权利也得到相应扩充；人与算法要建立起一种伙伴关系，即，使智能算法成为陪伴人、帮助人的伴侣技术。

最后，值得指出的是，智能原本源自生命与社会，生命、智能与社会共同构成了日益复杂的生命—智能—社会复合体。从"生命—智能—社会复合体"这一分析框架出发，有助于总体把握智能革命以及人类社会深度智能化的前景：人工智能体将以拟主体的形式整合到生命—智能—社会复合体之中，泛主体社会或泛智能体社会即将来临。当我们面对陪伴机器人、智能音箱以及层出不穷的智能体或泛主体时，将会越来越多地思考它们是什么样的拟主体，又具有什么意义上的能动性。

智能革命与机器乌托邦

刘永谋

    智能革命与技术治理的关系是一个大题目。智能革命已经到来，这个提法是站得住脚的。学界提出的各种"革命"太多，就工业革命而言，有人都提到第六次工业革命了。实际上，"革命"不过是一个隐喻，能不能成立并不重要，重要的是提出这个"革命"要表达什么，是否有价值。显然，智能革命会大力推动整个社会技术治理的程度和水平，同时会导致社会风险。智能革命社会风险包括运用智能技术的智能治理风险，不是科学技术本身的问题，根本上是政治、制度和实践问题。关于这个问题，技术哲学荷兰学派如维贝克等人力推的道德物化的角度很有启发性，但道德物化处理的问题过于细节，大的问题还是要借助制度安排来应对。

技术有病，我没药

智能革命和 AI 技术对社会公共治理会有什么样的影响？对此问题，大家都是基于智能革命和 AI 技术充分发展的远景来回答的。答案存在两种相反的极端态度：一种是乐观主义的，像成素梅教授那样，认为以后可能出现一个"AI 理想国"；还有一种是悲观主义的，可以称之为"AI 机器乌托邦"。这里先讨论一下悲观的想法，过后再讲乐观的想法。

　　很多人都讨论过物联网和大数据对于技术治理的推动作用。家用的小米机器人，它要在家扫地，当然要搜集和分析房间的信息，也就是说，AI 应用离不开物联网和大数据，如果后两者对技术治理有推动，那么 AI 对技术治理的推动就不言而喻了。

　　悲观主义者总是担忧智能治理和 AI 治理：智能革命时代，电子圆形监狱（electronic panopticon）会不会到来？大家研究信息哲学，都知道边沁和福柯提出的圆形监狱理论及后来流行的电子圆形监狱概念。用圆形监狱理论分析物联网的结构与功能，会发现物联网会偏好极权控制，因而本底上是会侵犯人的隐私的。在具体意象上讲，就是小说《1984》中无处不在的电幕，对所有人进行监视。这主要考虑的是物联网隐私问题，到了 AI 技术和智能革命的时代，这就不光是一个隐私问题，除了监视，机器人当然是可以诉诸实际行动的，比如对人进行拘押。机器人收集和行动的能力如果扩展到社会公共事物和政治领域的时候，会产生比电子圆形监狱更强的负面效应。换句话说，到了智能革命时代，电子圆形监狱才可能成为真正的监狱：从监视、审判到改造可以一体化完成。也就是说，电子圆形监狱会不会成为机器乌托邦？这就是当今敌托邦科幻文艺的一个大类，即"AI恐怖文艺"所要抨击的景象，在好莱坞电影《终结者》系列中得到最著名的呈现：机器人对所有人的牢狱统治。

当然，所谓隐私是社会建构的，是历史变化的，是有地方性的。为什么当代中国人越来越讲隐私，但同时很多人在朋友圈晒自己的私密生活？这说明没有普遍的一致的隐私，隐私观是很不同的。在中国古代，人们是缺少隐私观念的，或者说隐私观念是很不同的。古人讲，不发人阴私，这不是说尊重人权，而是说要做君子。中国古代最高权力者皇帝是没有隐私的，他的一举一动都被《起居注》记载得清清楚楚。旧式大家族中人们同样没有隐私，年轻人要早晚向父母请安，什么事情宗族都会知道、要干预。隐私与人权有关，中国传统是没有这个概念的。奇怪的是，没有隐私，数千年来中国社会治理和社会生活大体运行得也很平稳。实际上隐私观在中国就是随着 ICT 技术和网络兴起传来的，在 20 世

技术有病，我没药

纪 80 年代都很少有中国人讲究隐私。随着物联网和大数据技术的推进，中国人还在形成中的隐私观很快发生改变，比如很多人现在出门在"去哪儿"App 上选定房间、安排行程，把个人信息让商家知道，但觉得很方便。

隐私社会建构论实际上并没有否定物联网偏好极权的观点。隐私观的改变，从某种意义上说是对技术发展的屈服。然而到了智能革命时代，极权的触角可能伸到的地方不再仅仅是看，而是会有具体的行动、对肉体和思想的严格控制。如果电子圆形监狱在社会上广泛建成的时候，这就是所谓的最坏的智能治理社会，即"机器乌托邦"就会到来。也就是说，AI 技术是有可能催生机器乌托邦的。

机器乌托邦会是什么样的？通过对批评既有的技术治理、智能治理以及 AI 在社会公共领域应用的各种思想文献来进行分析，可以得出它的基本意象。当代西方的科幻小说有个很重要的特点，即乐观主义情绪很少，并且基本上都与对智能革命的想象有关。这样一种想象在西方是很流行的，它所勾勒出来的未来社会是一架宗整、严密和智能的大机器：由于 AI 技术的广泛应用，每个社会成员都是这个智能机器上的一个小智能零件，而且是可以随时更换的零件，和钢铁制造的零件没有差别，这就是"AI 机器乌托邦"。以好莱坞为代表的科幻影视，对此有各种各样的刻画。

从批评的文献、文艺和影视作品中，可以归纳出 AI 机器乌托邦的四个主要特点。第一个是 AI 机械化，即把人、物、社会所有都看成纯粹机械或智能机器，对所有的一切要事无巨细地进行智能测量，包括人的思想情感，可以还原成心理学和物理学的事实以此来进行测量。第二个是 AI 效率化，也就是说，AI 机器乌托邦核心的价值主张是效率，智能要讲求效率，科学技术是最有效率的，没有效率的东西比如文化、文学和艺术都是可以被取消的。AI 机器乌托邦社会运行的目标就是科学技术越来越发达，物质越来越丰富，人类文明不断地扩展，要扩展到整个地球，扩展到月球，扩展到火星。第三是 AI 总体化，也就是说整个社会是一个智能总体，按照建基于物联网、大数据、云计算和 AI 等智能技术之上的社会规划蓝图来运转。所有国家政党、社会制度、风俗习惯以及个人生活全面被改造，没有人能够逃脱总体化的智能控制。第四是 AI 极权化，AI 机器乌托邦是反对民主和自由的，认为民主和自由没有效率，支持的是由智能专家、控制论专家掌握国家大权，公开实现等级制度，然后以数字、智能和控制论的方式残酷地统治社会。

用 AI 技术对社会进行公共治理是不是就必然会导致机

　　　　　　　　　　　技术有病，我没药

器乌托邦呢？不一定，因为所有的技术治理包括智能治理可以有很多不同的模式。一种是激进的，整个社会要打乱重新按照智能蓝图来建构；另一种是温和的，在现有的基础上进行改良，而温和派之间也有很大差别，所以历史上是有很多不同的技术治理模式。

对 AI 机器乌托邦意象的总结有何教益？西方对智能治理、AI 治理的批评，我们并不完全赞同，但是从理论上考虑 AI 机器乌托邦的危险或风险是很有必要的。在历史上并没有真正出现过 AI 机器乌托邦，它还只是在人们恐惧的想象中，但是从理论上说它还是可能出现的，因此要避免极端的 AI 机器乌托邦的出现。上述 AI 机器乌托邦意象的四种特征，是要在 AI 技术、智能技术应用于社会公共治理的过程中极力避免的，当然这是非常复杂的问题。这里有一些初步的思考，比如要避免 AI 总体化，必须要避免封闭性智能社会，实际上封闭性在网络社会是很难完全做到的；比如避免 AI 机械化，涉及社会主流观念尤其是科学观的改变，一百年前主流的科学观是机械主义，现在并不如此；比如避免 AI 极权化，关键是选择适当的智能治理模式，不一定和自由民主相冲突。奥尔森指出，技术治理在 21 世纪有"软"化的趋势，不像以前那么"硬"了。比如，要避免 AI 经济至上的观点，社会局部的规划要服从更高制度的安排，智能治理不能成为唯一或最高的治理安排，而应该是作为一种局部的工具。总之，智能革命的到来加大了 AI 机器乌托邦的风险，因此必须考虑制度设计与应对，这个问题从根本上说不是技术问题，而是政治问题。

技术有病，我没药

智能革命与人类记忆

杨庆峰

对人工智能的讨论需要将其放置到人与技术的关系框架中进行，首先要做的是对人与技术的关系框架加以反思。传统的观点是"工具论"，即把包括人工智能在内的技术当作一种工具或者对象，用来解决问题或者处理一些其他的事情，这种人与工具形成非常固定的模式，成为我们分析人与技术关系的主导模式。"工具论"模式背后是一个主体、客体分离的理论基础。这种传统模式后来受到了很多哲学家的严厉批判，如海德格尔、芬伯格他们对这一观点进行了很深入的批判，尤其是海德格尔在批判的基础上提出了现象学的模式，而芬伯格把政治维度和社会因素加进去了。他们的批判导致了另外一种关系模式"居中说"（人在世界之中、人在技术之中），这为本文"旋涡论"的提出奠定了理论前提。旋涡论，即人在技术的旋涡之中。

从词源学角度看，旋涡的英文是 volution，依次词根会出现三个变形词：convolution、evolution 和 revolution。这三个词恰好可以用来描述与人工智能有关的过程或状态。convolution 是卷积或卷绕，可以用来描述人工智能内部的算法机制，比如卷积神经网络算法（CNN）用来图像识别。evolution 是进化，可以用来描述智能本身是进化的过程。revolution 则是革命或旋转，可以用来描述智能本身是革命的过程，如技术奇点。所以"旋涡论"能够很好地描述人与智能机器的关系，又能够描述智能的内在机制，更重要的是有助于我们在人与智能技术的漩涡当中反思如何在进化与革命之间保持自身并构建其自由关系。

从记忆哲学入手看待人工智能是一个新的角度。人类记忆不是宏大的生存层面的东西，而是人类学里非常重要的一个规定性。在哲学人类学当中，康德提出的五感实际上就隐含着一种记忆的概念，只不过在他的哲学人类学当中谈得多的是五感知觉[1]，对记忆他的观点是，"将过去有意地视觉化的能力是记忆能力，把某物作为将来视觉化的能力是预见能力"[2]。但只是蜻蜓点水，一笔带过。

　　　　　　　　　　　　技术有病，我没药

那么何为记忆？从传统哲学角度看，存在着四种理解路径。第一种构成路径，即把记忆当作灵魂实体的构成部分，讨论记忆是在人理性的层面当中还是感性层面当中。第二种是能力路径，即把人类记忆的解释当作一种精神性的或者灵魂性的能力，比如说人类具有一种回想能力。第三种是状态路径，即把记忆看作意识或者心理状态之一。这种观点持续的时间非常长，一直持续到 20 世纪。心理学家普遍认为记忆是心理状态，和感知、情绪是相并列的状态。对这种心理学的理解后来胡塞尔、伽达默尔都提出批判。第四种是行为路径，即把记忆看作意识行为，比如说构造过去对象的一种行为，或者说使得过去当下化的这样一种行为。

但是随着神经科学、心理学的发展，哲学观点受到了自然科学观点的反驳。有一些心理学家提出一种新的理解叫"精神性的旅行"，用这种方式来解释人类的记忆。整个心理学的理解可以纳入哲学的第二层理解当中，它属于精神的一种能力。神经科学则提出了记忆作为信息过程（编码、存储和提取）的三阶段理论。与记忆的维度相对的是"遗忘"，它实际上被看作记忆的对立面，这是个通常的观点，比如说灵魂构成的丧失或者记忆能力的丧失、状态的失控，这时候就把遗忘看作自然能力的丧失。

要审视人工智能与人的关系，仅仅是传统哲学和神经科学中的记忆理论是不够的，需要新的理解。本文提出记忆作为条件的理论，这一理论源头在于布伦塔诺和胡塞尔等人。在笔者看来，记忆作为三种条件形式存在：认知与情感的基础条件、理解人类自身的历史条件和实现自我和他者认同的条件。第一，记忆是认知和情感产生的基础条件。如果没有了记忆这样的基础维度，实际上情感和认知是不可能的。第二，记忆是理解人类自身的历史条件。这是关于一种人类历史的构建，比如说怎么去面对历史，这时候就需要回忆把它构建出来。第三，记忆是实现自我及其他人认同的必要条件。这具体到个体来说实际上是对自我的认同。我们能够知道我是谁，又通过怎么样的方式去知道我是谁。在这个过程当中，传统认识论和知识论的学者认为认知起了非常重要的作用，但是记忆与回忆的作用不容忽视，回忆包括记忆实际上是另外一个不可忽视的条件，但在通常的哲学史当中把记忆放在了认知底下，其作用完全被忽略掉。

　　当采取记忆哲学维度去看，人工智能是进化的过程还是革命的过程的问题就可以获得解答的可能性。从前面所提到的三个条件来看对这问题就可以有一个有效回答。如果把记忆理解成信息的编码、存储、提取这样一个过程，那么人

　　　　　　　　　　　　　　　技术有病，我没药

工智能是无法从进化突变到革命的，就没有革命，只有一种进化。但如果进一步把记忆理解为认知和情感产生的前提条件的话，实际上就具备了一种可能性，就说它能够突破技术奇点。

更重要的是，记忆和回忆的关系问题没有受到重视，因为太多的理解强调记忆作为信息的编码、存储和提取过程了，以至于把回忆的维度给忽略掉。回忆是人类特有的一种现象。亚里士多德就指出动物和人可以拥有记忆，但是唯独人才能拥有回忆。从他的观点看，人工智能是不可能拥有回忆的，因为它与动物一样，缺乏足够强大的意向性。所以人们这时候就不用担心人工智能有一天会超越人。但在笔者看来，如果把回忆维度考虑进去，这个问题就有无限的可能性了。具有回忆能力意味着机器具有了重构过去经历的能力，具有了重构过去经历的可能性。换句话说，对人工智能机器而言，它具有经历，意味着它具有了过去的时间概念。这远远不同于只是信息保存和提取的记忆过程，而是能够将过去当下化的过程。最近人工智能学者阿尔伯特·艾如斯勒姆（Albert Ierusalem）也指出了人工智能可能会具有自身的经历。"基于经历（experience），如果系统能够在每一个环境中选择正确的行动，这使得计划变得不必要。"[3] 人工智能能够感知世界这已经成为常态，只是人工智能回忆自身的经历却是具有挑战的事情，不仅仅是关系到技术怎么去实现，比如说让机器去回忆世界，更重要的是会涉及人工智能的革命性突破。如果能够实现这点的话，那么人工智能走向强人工智能会成为一个必然。

[参考文献]

[1] 康德哲学人类学著作中提到第一类感觉包括触觉（touch, tactus）、视觉（sight, visus）、听觉（hearing, auditus）第二类感觉包括味觉（taste, gustus）、嗅觉（smell, olfactus），统称为五感。Immanuel Kant, Anthropology from a Pragmatic Point of View, Translated by Victor LyleDowdell, Revised and Edited by Hans H. Rudnick, Southern Illinois University Press, 1996: 41.

[2] 同上，73.

[3] Albert Ierusalem, Catastrophic Important of Catastrophic Forgetting, https://arxiv. Org/pdf/1808.07049.pdf, 11 [2018-10-9].

技术有病，我没药

用信任解码人工智能伦理

闫宏秀

人工智能伦理是人工智能未来发展的锚定桩。其包括对人工智能相关伦理问题的批判性反思、对人工智能的伦理目标厘清与界定，以及伦理自身效用等的审度。有效的人工智能伦理被视为推进人工智能向善、确保人类对其可控及不受伤害、确保人类尊严与人类福祉的一个重要保障，但人工智能伦理的构建并非易事。关于伦理应当发挥何种作用、如何发挥作用、以何种伦理观念为指导等的争议一直不断。如，就在 2019 年 3 月到 4 月之间，谷歌关于外部专家委员会（Advanced Technology External Advisory Council，简称 ATEAC) 的成立[1]、谷歌部分员工对外部专家委员会的抗议等[2]一系列事件就凸显了人工智能对伦理的期待，以及人工智能伦理构建所面临的挑战与问题。特别是人工智能发展所呈现出的能动性、自主性等技术特质，将主体与客体的边界逐渐消融，将关于人对技术的信任、人与人之间的信任、人与技术之间的信任等置于了一种前所未有的场景之中。

一、信任：人工智能的一个核心问题

关于人工智能伦理的研究，早在 20 世纪 60 年代，就已经展开。如，诺伯特·维纳在其关于自动化的道德问题和技术后果的探讨中，揭示了机器的有效性与危险性；[3] 随后，塞缪尔（Arthur L. Samuel）在《科学》发表文章，对维纳所主张的机器具有原创性或具有意志进行反驳，进而指出机器不可能超越人类智能，并认为维纳将机器类比人类奴隶是不恰当的。[4] 但近年来，伴随大数据、机器学习、神经网络等的发展，关于机器是否具有原创性或具有意志、人工智能是否能被视为道德主体，以及人工智能是否超越人类的争论日趋激烈。

这些争论，究其本质而言，是源自对人能够控制技术并使其能为人类服务这一问题的反思。而上述反思至少直接指向了人类对自身信任及对技术是否可信的两个方面。简单来说，从人类自身的角度来看，若人类相信自己能够有效地控制人工智能，那么，上述问题也将迎刃而解；退一步讲，从技术的角度来看，若人工智能技术自身是安全可靠的，那么至少人工智能可以被视为一项可信的技术，而这种可信反过来也将大大推进其发展。[5] 但若上述两种信任缺失，则人工智能的未来发展也不容乐观。因此，人工智能的信任度是人工智能技术发展中面临的一个核心问题。当下，IBM 就以"trusted AI"为其研究目标，积极致力于研究构建和能够使人类信任的人工智能。与此同时，人工智能的信任度也是人工智能伦理构建中的一个核心问题。

但事实是，迄今为止，上述两个方面都是假设性的存在。如，从技术的维度来看，以基于人工智能系统的无人驾驶为例，就因其在技术方面的不稳健性所引发的诸多问题，遭遇到了质疑。在这些质疑中，也包括关于其的伦理质疑；从关于人工智能伦理构建的维度来看，虽然目前尚未形成统一的文本，但信任却是与人工智能伦理相关的框架、原则、宣言等文件中的一个高频词。如：

2016 年底，美国电子电气工程学会（IEEE）在其所阐述的"伦理辅助性设计"（Ethically Aligned Design）中，将构建人与人工智能系统间的正确的信任层级视为一个重要议题，并指出应建立包括标准和规范主体在内治理框架来监督保证过程和事故调查过程，进而促进公众对人工智能和自动化系统信任的构筑；[6] 2017 年 7 月，我国国务院发布了《新一代人工智能发展规划》，其中，"促进社会交往共享互信。促进区块链技术与人工智能的融合，建立新型社会信用体系，最大限度降低人际交往成本和风险"是一项重要的内容；[7] 2018 年 12 月 18 日，欧盟委员会由 52 名来自多个领域的专家所组成的人工智能高级专家组起草了"可信任人工智能的伦理框架"(*Draft Ethics Guidelines For Trustworthy AI*)；经过几个月的意见征询后，于 2019 年 4 月 18 日，在其发布的《可信任人工智能的伦理框架》(*Ethics Guidelines For Trustworthy AI*) 中，[8] 将构建可信任作为人工智能未来发展趋势；2019 年 2 月，欧洲政策研究中心在其所发布的《人工智能：伦理，治理和政策的挑战》(*Artificial Intelligence: Ethics, Governance and Policy Challenges*) 中，认为：在当今社会中，人工智能的发展加速了信任的退化。因此，应当采取行动，以推进负责任地和可信任地使用人工智能；[9] 2019 年 6 月，美国人工智能问题特别委员会、国家科学技术委员会发布了《国家人工智能研究和发展战略计划：2019 更新版》(*The National AI R&D Strategic Plan: 2019 Update*)，[10] 构建信任被列为人工

　　　　　　　　　　　　　　　　技术有病，我没药

智能未来发展的一项任务；在我国家新一代人工智能治理专业委员会于 2019 年 6 月所发布的《新一代人工智能治理原则——发展负责任的人工智能》中，"安全可控"为第五条原则，并指出："人工智能系统应不断提升透明性、可解释性、可靠性、可控性，逐步实现可审核、可监督、可追溯、可信赖。"[11]

综上所述，在人工智能伦理的构建中，信任被视为人工智能发展的一个核心问题。那么，是否可以用信任解码人工智能伦理呢？关于此，需要从信任在人工智能中的产生、表征以及构成等为切入点来进行解析。

二、基于有效监督的信任是人与人工智能合作的必要条件

人工智能的发展带来了一种新型的人与技术的关系。人类对技术的依赖性越来越高，技术成了人类智能的陪伴，并在某些方面呈现出超越人类智能的趋势。伴随人工智能在人类社会中的广泛应用，人类与人工智能系统之间的合作日益加强。虽然存在没有信任的合作，但人与人工智能的这种合作方式因人工智能对人本身以及人类行为深度植入性和巨大

影响而必须信任的介入。毫无疑问，信任的缺失，将影响人工智能所能产生的效应，但这种信任并非是盲目信任、滥用信任、错误信任等非理性的信任方式。恰如皮埃罗·斯加鲁菲所示的那样："我并不害怕机器智能，我害怕的是人类轻信机器。"[12]

技术是人类在世的一种方式。人类正是借助技术谋求自身的发展，离开技术，几乎无法去探讨人类的发展。也正是在这种谋求的过程，人与技术之间信任关系伴随人对技术的依赖而不断被建构起来。特别是当今的人工智能，更是将人与技术之间的信任关系推向了一个新的高度。与此同时，对二者之间信任关系的反思也与日俱增。如，以基于人工智能系统的决策为例。在当下，人工智能系统为人类的决策提供信息，甚或导引人类的决策。当人类借助，或者委托，或者授权人工智能进行决策时，一种信任就随之涌现出来，且人对人工智能系统的信任度将影响决策。假设信任度的阈值为0—1，当信任度为0，即人类完全不信任人工智能时，人类所拿出的决策与人工智能系统无关。但鉴于人工智能系统在当今的深度植入，完全不信任的可能性已然不现实；当信任度为1，即人类完全信任人工智能时，则人工智能系统所输出的决策就直接等同于人类所拿出的决策。与上述情况类

技术有病，我没药

似，鉴于当下人工智能在技术方面所存在的不稳健性，如自动驾驶所存在的隐患等，完全信任也同样不可取。

杰夫·拉尔森（Jeff Larson）等人就曾对基于机器学习而进行累犯预测的软件——替代性制裁的惩罚性罪犯管理量表（Correctional Offender Management Profiling for Alternative Sanctions，简称 COMPAS）的有效性展开剖析。[13] 从 COMPAS 所作的预测来看，黑人被告比白人被告更可能被错误地认为是累犯的风险更高，而白人被告比黑人被告则更有可能错误地标记为低风险的累犯。但事实上，关于黑人被告的累犯预测是高于现实的，而关于白人的累犯预测则是低于现实的。在未来两年中，白人被告累犯被误判为低风险的是黑人被告累犯的几乎两倍（48% 比 28%）。[14] 即，依据该软件所作出的预测，与现实并非完全吻合，因此，应当审慎地对待 COMPAS 输出的结果。但这种质疑事实上并非意味着对 COMPAS 的完全不信任，而是旨在探究怎样的人与技术信任才可以有效的方式确保人工智能向善，对人类不造成伤害。

信任是一个动态的交互过程。就人与技术的合作而言，信任是人对技术的心理预期与技术自身效能的一种混合交互。就人际间信任而言，无监督的信任是其最高层级，是委托人对受托人的完全信任。但就人与技术的信任而言，恰恰需要的是有监督的信任。如果说传统意义上的人与技术之间的信任，可以逐步还原到人与人之间的信任，进而可以借助人际信任来确保人与技术之间的信任。但就人与人工智能系统而言，由于人工智能系统的能动性与自主性等所带来的某种不可解释性、不透明性、不可追溯性等，上述还原越来越难，因此，人与人工智能的合作必须基于有效监督的信任。但该如何用信任解码人工智能伦理？有关于此的解答，首先需要从伦理学的视角来厘清人工智能信任的构成要素。

三、人工智能信任的构成要素：基于伦理视角的解析

欧盟委员会从技术和伦理两个维度解析了何为"可信任人工智能"；IBM 所提出的"Trusted AI"意味着值得信任是人类对人工智能技术所给予的期望。毫无疑问，可信任（信任度，值得信人）是信任的一种表征，是人工智能信任的一个重要维度。莫瑞奥萨瑞·塔迪欧（Mariarosaria Taddeo）曾指出："信任和电子信任被以如下三种方式予以界定：（1）作为可信任性的一种盖然性的评估；（2）作为一种基于伦理规范的关系；（3）作为一种行动者的态度。"[15]因此，就人工

智能的信任而言，至少应与如下三个方面相关：与人相关，因为对人工智能的信任发端于人；与社会环境相关，良好的信任社会体系与信任社会制度将为人工智能的信任提供良好的存在语境；与技术相关，如技术过程（如算法的透明性与可靠性等）、技术目的、技术的性能与效应等诸如此类的技术要素，是人工智能信任的必备要素。因此，人工智能的信任应包括人、技术与环境等。

从伦理学的视角来看，人工智能的信任首先需要构建的是人类对伦理学的信任。长期以来，在技术的发展历程中，伦理学主要基于外部的视角，以批判式的反思方式出场，因此，出现了伦理学被视为落后于技术发展的追思。近年来，伴随伦理学以进入技术内部的方式而开启伦理对技术的引领与规范功能时，负责任的创新、负责任的人工智能等词汇进入了技术界。即便如此，在人工智能的伦理构建之中，技术界关于伦理的功能和效应也众说纷纭。其中，不乏对伦理的质疑。但若缺乏人类对伦理学的信任，则人工智能伦理构建的意义也有待商榷。因此，需要通过构建人类对伦理学的信任来夯实人工智能伦理的构建基础，进而以伦理促进人工智能谋求人类福祉。

其次，构建人类对人工智能的信任。信任是一种信念，一种态度意向性。"不能建立信任,特别是最终用户的信任,惠及所有利益相关方的个人数据生态系统就将永远不会存在。"[16]同样,公众对人工智能的信任将为人工智能的发展提供有力的支撑。正是基于此,在美国的"国家人工智能研究和发展战略计划:2019更新版"中,明确指出:美国必须培养公众对人工智能技术的信任和信心,在技术的应用中,应保护公民自由、隐私和美国价值观,从而让美国人民充分意识到人工智能技术的潜力。

再者,人工智能自身信任度的构建,即人工智能自身的可信任问题。人类对技术的信任,需要技术的性能作为其值得信任的背景。人工智能自身的技术信任度应当是人工智能发展的应有之义。纵观近年来关于人工智能发展的战略与规划,这一主题一直倍受关注。关于此的阐述,从内容上看,包括关于人工智能信任的重要性、构建途径、评判标准等。如在美国电子电气工程学会关于"伦理辅助性设计"中,将人工智能系统的透明性等视为构建用户对人工智能系统信任的一个重要关节点;欧盟委员会的《可信任人工智能的伦理框架》,将人类自治原则、避免伤害原则、公平原则、可解释性原则等作为构建人工智能可信度的基础原则,将人的能动性和监督能力、安全性、隐私数据管理、透明度、包容性、社会福祉、问责机制等视为可信任人工智能需要满足的条件；美国最新版的国家人工智能战略则进一步强调了发展人工智能信任度的重要性，并将确保人工智能系统的安全作为其战略之一。

最后，构建人工智能系统中各个代理间的信任。在人工智能系统中，无论是关于一个问题的解决，还是关于一个整体目标的实现等，都需要各个代理之间的协作与合作。近年来，关于多代理系统（Multi-Agent System）的研究是人工智能研究的热点之一，特别是关于其体系结构和协调机制的研究是其核心研究论域。借鉴信任在人际之间的协作与合作中所具有的效用，同样，人工智能系统各个代理间的信任是人工智能信任的一个不可或缺的部分。对其的构建是提升人工智能性能的一个有力保障，更是开启人工智能伦理构建的一把钥匙。

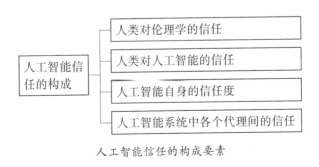

人工智能信任的构成要素

上图所展现的四个构成要素，主要是基于人作为伦理主体的视角，从内部和外部两个方面展开的横向解读。其中，内部信任意指人类自身的信任问题，包括人类对伦理学的信任和人类对人工智能的信任；外部信任意指技术的信任，包括人工智能自身的信任度和人工智能系统中各个代理间的信任，且这些要素之间存在交集与交互。

与此同时，基于伦理学的视角，关于信任的解读，还需要从纵向的维度来展开，因为信任同时也是一个动态的交互过程。从微观视角来看，这种动态性表现为：上述四种信任各自的形成是动态的，且这四种信任彼此互相影响；从宏观视角来看，这种动态性表现为在人工智能伦理原则与人工智能系统之间的开放性、适应性与交互性中，信任被不断地建构。而这恰恰与人工智能系统发展的动态性相吻合，与伦理学应当是对技术发展的有效应对与前瞻性反思的主旨相契合。但这种动态性并非意指伦理对技术的让步，而是在坚守伦理基本原则基础上的动态调适，以及技术需要以合乎伦理的方式而发展，即，技术依据伦理基本原则而调整其发展。

四、小结

尼克拉斯·卢曼（Niklas Luhmann）曾将信任视为社会

技术有病，我没药

生活的一个基本方面，他认为：信任的缺席甚至将阻止他或她早晨起床，[17]同样的，过度的信任、错误的信任与盲目的信任也将带来风险。在不久的将来，人工智能将是我们社会生活的一个基本方面，人工智能的缺席将使得人类日常生活的运作遭遇困境。同理，人工智能的泛滥与盲目增长也将使得人类的日常生活遭遇困境。人工智能伦理的缺席将使人类的尊严恰恰因为人工智能的发展而受到挑战，人类的福祉也恰恰是因此而得不到保障；同理，无效的或不当的人工智能伦理也会造就上述结果。

面对智能时代的到来，借助信任，调节人与人工智能的合作关系，助推人类社会的发展。从人类对伦理学的信任、人类对人工智能的信任、人工智能自身的信任度、人工智能系统中各个代理间的信任等四个方面开启人工智能伦理的构建。但这种信任如奥诺拉·奥尼尔（Onora Sylvia O'Neill）所言：我们所期望的，并不是像小孩一样盲目地去信任，而是要有良好的判断能力。为了判断别人说的话，做的事是否值得信任，我们需要有足够的讯息和辨别的手段。为了做到合理的信任，我们不仅需要辨别出哪些说法或行为值得去信任，也需要去思考关于它们的合理性。[18]因此，以有效监督的信任为前提，审视人与人工智能的合作，以合势的人工智能伦理，为人工智能的发展塑造理性的氛围，进而化解人工智能的不确定性，夯实智能社会的基本架构，确保人工智能向善。

【参考文献】

［1］Will Knight .Google appoints an "AI council" to head off controversy, but it proves controversial［EB/OL］. https://www. technologyreview.com/s/613203/google-appoints-an-ai-council-to-head-off-controversy-but-it-proves-controversial/.

［2］Will Knight. Google employees are lining up to trash Google's AI ethics council［EB/OL］. https://www.technologyreview.com/s/613253/googles-ai-council-faces-blowback-over-a-conservative-member/.

［3］Nobert Wiener. Some Moral and Technical Consequences of Automation. *Science*, 1960: 131(3410): 1355-1358.

［4］Arthur L. Samuel. Some Moral and Technical Consequences of Automation-A Refutation. *Science*, 1960: 132(3429), 741-742.

［5］https://www.research.ibm.com/artificial-intelligence/trusted-ai/.

［6］IEEE. Ethically Aligned Design: A Vision for Prioritizing Human Well-being with Autonomous and Intelligent Systems, First Edition［EB/OL］. https://ethicsinaction.ieee.org/.

［7］国务院 . 新一代人工智能发展规划［EB/OL］.http://www.gov. cn/zhengce/content/2017－07/20/content_5211996.htm.

［8］European Commission. Draft Ethics Guidelines for Trustworthy ［EB/OL］.https://ec.europa.eu/digital-single-market/en/news/

draft-ethics-guidelines-trustworthy-ai.

［9］ Andrea Renda.Artificial Intelligence: Ethics, governance and policy challenges［EB/OL］. https://www.ceps.eu/system/files/AI_TFR. pdf.

［10］ National Science &Technology Council. The National AI R&D Strategic Plan: 2019 Update［EB/OL］. https://www.nitrd.gov/ pubs/National-AI-RD-Strategy-2019.pdf.

［11］国家新一代人工智能治理专业委员会：新一代人工智能治理原则——发展负责任的人工智能［EB/OL］. http://www. most.gov.cn/kjbgz/201906/t20190617_147107.htm.

［12］［美］皮埃罗·斯加鲁菲.智能的本质：人工智能与机器人领域的 64 个大问题［M］.任莉，张建宇译.北京：人民邮电出版社，2017：168.

［13］ Jeff Larson, Surya Mattu, Lauren Kirchner and Julia Angwin. How We Analyzed the COMPAS Recidivism Algorithm［EB/ OL］.https://www.propublica.org/article/how-we-analyzed-the-compas-recidivism-algorithm.

［14］ Jeff Larson, Surya Mattu, Lauren Kirchner and Julia Angwin. How We Analyzed the COMPAS Recidivism Algorithm［EB/ OL］.https://www.propublica.org/article/how-we-analyzed-the-compas-recidivism-algorithm.

［15］ Mariarosaria Taddeo. Defining Trust and E-trust: From Old Theories to New Problems［EB/OL］. https://www.academia. edu/1505535/.

［16］托马斯·哈乔诺，大卫·舍瑞尔，阿莱克斯·彭特兰.信任与数据：身份与数据共享的创新框架［M］.陈浩译.北京：经济科学出版社.2018：139.

［17］Niklas Luhmann. Trust and Power［M］. Cambridge: Polity Press. 2017: 5.

［18］［英］奥尼尔 . 信任的力量［M］. 闫欣译 . 重庆：重庆出版社 2017：60.

8 虚拟生活的
自我伦理

智能革命急速拉开序幕，甚至没有让我们准备的时刻，就给人们带来了诸多难题：超级智能体、智能爆炸、机器乌托邦与敌托邦和技术奇点。这些难题并不是停留在概念层面，而是不断涌入生活世界，与人争位。爱它？恨它？也许智能机器会超越人类，面对这一境况，我们不能肆意放飞想象，而是需要运用理性面对它。对抗智能神话、信任机器也是未来人们面对的任务。所有这一切都需要走出技术迷狂，自由地、公开地利用理性来实现这一点。

人工智能时代的伦理智慧
——《信息文明的伦理基础》分享

段伟文

我是谁：加速变迁科技世代的"弱"者

我们每一个人在短短的二十年间经历了三个时代，至于后面会经历什么时代，我们不可预知。有一种所谓的加速主义说法，用于刻画当下所处的人类世，也就是科技世代。什么是科技世代？即在近一两百年来，人类的行动和行为，对地球有一种改变的力量，正在不可逆地改变地球的地质面貌，使人类进入加速变迁的轨道。

在科技这样强大的力量面前，我们每个人其实是一个弱者。正如我们所知，人和技术是相伴而生的，每一代人都跟他所遭遇的技术有某种融合的方式。

每个人都生活在不同的技术空间之中，随着当代技术的加速变迁，人们要作一个抉择就是如何面对科技创新，尤其是以硅谷为源头的科技创新，它有一个很重要的特点是颠覆性或突破性。

　　创新使得世界不再是过往的世界，我们也不再是从前的我们。那么如何使人性依然可以规定技术前行的方向，而不是臣服于强大的技术变迁的逻辑？从小我们就说要努力学习，好赶上技术的步伐。但你有没有发现，现在**每一个人都是过时的，甚至我们生下来都是过时的**。在这样一个情况下我们该怎么办？

　　在很多年前，麦克卢汉说过这样一句话：**先是我们创造工具，然后是工具创造我们**。

　　信息时代是一场前所未有的社会伦理试验，在信息网络空间中，**人们从现实世界中的物理自我嬗变为数字自我**，迫使我们不得不直面一系列全新的价值挑战，探寻人工智能时代的伦理智慧。

　　比如，在没有互联网之前，你到哪儿去了、你怎么样，那一定是要有人碰见你，才会知道；但现在你要是说你要到哪儿去，有人会跟你共享位置……

智能时代的七种生存武器

智能时代的七种生存武器是什么？

第一种武器，信息网络空间与注意力生态重构

什么叫注意力生态重构？在古老的社会时代，每天开门七件事，柴米油盐酱醋茶。现在，每天都面对着不同的一千零一扇门。

我们正处于分心成瘾的时代，各种信息流随时影响着我们的注意力。在信息网络空间，我们的专注度在消解，注意力也在消散。诺贝尔经济学奖获得者赫伯特·西蒙曾经指出：**随着信息的发展，有价值的不再是信息，而是注意力。**

比如现在搜索信息都搜得好好的，一会儿是薛宝钗、林黛玉……突然有一天在网上谁搜不到了，我会想这个人为什么搜不到了，这人是不是出了什么问题。所以就是这样，好像是你想什么就是什么，但是实际上不是你想什么就是什么，而胡思乱想多了，最后你的注意力就有限了。

为什么网络有那么大的吸引力，为什么它能够让我们分心？从某种角度来讲，网络上的一些行为，你仔细想一想，

技术有病，我没药

点赞、鼠标点击，或者是打游戏的时候一些手指这样戳，这实际上是非常符合自闭症儿童的一个行为习惯。

自闭症儿童为什么对外在的世界不感兴趣，是因为他自己找到了一套痴迷的行为模式，而且在这种行为模式里边他能够得到一种奖励，这样的话他的大脑神经就会分泌一种多巴胺，产生一种愉快的体验。

网络空间的注意力生态问题最重要的一点是会在一定程度上导致所谓的信息时代的自闭症。那么我们就要通过重构注意力生态，去克服自闭症。

第二种武器，数字痴迷与虚拟生活的自我伦理

数字痴迷就像数字野火一样的在那儿燃烧。什么叫野火一样燃烧？你要让小孩不玩游戏，那完全就是野火烧不尽春风吹又生，为什么？因为他的思维被改变了。

从科学上来讲，打游戏会不会让你变傻，或者说会不会让你注意力成问题，还没有形成有依据的科学定论。但是，现在有些游戏，它确实是按照你成瘾的样子设计，想办法让你成瘾。

好比比尔·盖茨在未来之路上面讲过的数据紧身衣。但我讲的数据紧身衣是智能手机、智能手环、可穿戴设备，是

你的智能紧身衣。根据这些设备所呈现的数据——每天走多少步等，这就是所谓的数据紧身衣。从某种角度讲，把你的行为特征，包括各种数据采集起来，可以更好地开发人性化产品。

这里有一个很重要的问题，数字野火，它为什么会烧到你家的小孩呢？因为在孩子半岁或者两个月的时候，你给他接触这些电子产品，有没有恰当的控制方法，就产生了从小草根部就开始燃烧的"野火"。

你和你的孩子在数字时代能不能够自控，那就要用到自我伦理。什么叫自我伦理？通过自己行为的主动的调节，让我的生活更加幸福。而你现在的幸福，你现在的快乐，不应该影响到你将来的快乐。如果你现在快乐过度，那么将来你可能觉得别的东西没意思。这将会让你成为一个信息世界的自闭症儿童。

在这里很重要的一点就是要抓住可以自控的窗口期。现在有很多网络成瘾、游戏成瘾，那么这些情况基本上来讲它不是单纯地由网络造成的，很大程度上是由你的社会地位、心理、家庭关系等各方面造成的。

所以说这样一些人中你可能需要给他更多的爱、更多的关心，但是最好是在他沉迷于网络成瘾之前，或者处于自控窗口期的时候，你去教育他，那时效率更高。一旦他进到那个里面去了以后，就比较难了，这是一个。

再说数字痴迷，或者说这样一种网络成瘾、游戏成瘾，它是**服强不服弱**。如果你很有钱，家里条件很好，你的自由转圜的空间比较大，那么你遇到的矛盾就少，相对来说你回过来或走出来的可能性比较大。因为根据痴迷的程度可分为沉迷和痴迷两种，网络的沉迷、游戏的沉迷，大部分人都会有一个沉迷的阶段，但是有极少数人可能会有沉溺阶段，但相关研究到现在，不论是心理学还是神经科学都并没有定论。

第三种武器，差异革命与解析社会的能动构建

当你看到微信推送广告，那为什么给他推的就是奔驰宝马的广告，给你推的就是摩拜单车的广告？实际上是因为他把你的一些个人行为记录了下来，然后进行一种自动化的分析。这样一种自动化的分析就像 17 世纪，笛卡儿提出解析几何这一精确分析运动轨迹的方法一样，数据智能可以对人的行为轨迹加以记录和解析，并实施相应的引导和调控。现在各种数据驱动的智能化平台，就是用数据分析的工具，来解析每一个人的数据记录，然后对他进行一种相应的

引导。

在这样一个情况下，根据这些数据就有了大量的数据画像。数据画像是什么？就是标签。如你到过什么地方，跟什么人在一起吃过饭。这些内容，它相当于一个非常复杂的数据集合，数据集合的每一条，都可以作为依据归类，然后对你进行精细的、精确的测度，这样测度完了以后，人和人之间的差别就出来了。

这些对数据的评价，也就是对人的评价，由此造成的差异，有可能会导致一些偏见，会造成歧视或不平等。比如你要去应聘，如果你的亲戚和朋友里面在某个公司工作，那么很有可能它的人事部门的算法会把你对公司的了解程度之类的分数加得比较高，或者直接给你一个加分，而另外的人就没有这样一个加分。

通过数据来分析或解析每一个人，是福还是祸？对于个体而言，很重要的一点就是，每个人要把你想到的技术滥用的坏处说出来。对于文明码之类的行为评分体系，应该意识到：**不是人的所有的行为都能量化；不同的量之间是不能够随便相加的。**因此，用数据评分的办法来评价人的某方面的行为要注意它的适用性和限度，特别是要注意不能简单地将各种行为评分加起来作为区分好人坏人的工具，这其中的权重和数据选择有太多的主观因素，容易造成偏见和歧视，其实质是数字官僚主义。

第四种武器：基于行动者网络分析的伦理审计

行动者网络理论是由法国社会学家拉图尔提出的一个科技社会分析理论，大意是要理解科技的实质，就要追踪科技活动所涉及的人与非人（包括人工物、制度、文化等），将它们视为各种相互影响和共同构建科技的行动者，通过对行动者的利益、意图、价值、行为等的分析，动态地剖析科技发展的过程、机制与后果。举一个简单的例子，去年以来有很多地方都在用人脸识别技术，很多大学和单位的门卫也在用人脸识别。那我们想象一下，这些人脸识别的场景和高铁站、飞机站之类的场景实际上是不一样的，进而思考这些应用有没有必要。同时，还可以看到，由于今年以来疫情防控的需要，在很大程度上强化了这种需求。

此外还有很多问题也可以通过行动者网络展开进一步的分析。如人脸识别在不同场景的应用，对哪些人有利，对哪些人不利，对哪些人它可能没有明显的好处，也谈不上不利？实际上我们都知道，人脸识别从准确度来讲，对成年人来说比较准确，相对来说差错率比较低；对于小孩的差错率可能比较高，因为小孩他还在成长。这样一来，人脸识别不仅会因为不够精确而给儿童带来更多不便，并且儿童的面部数据在隐私权方面更为敏感，这就意味着对儿童的使用应该更加审慎。

由此，借助行动者网络分析，就是要把技术背后的人和利益找出来。比方说 AI 医疗，那么现在很多大医院都在推人工智能，如将人工智能用于影像识别，替代专家识别癌症等。但哲学家和社会科学家会还是可以通过行动者网络分析，提出一系列的疑问，一是这会不会提升医疗成本。二是这样会不会让小医院处于被淘汰的地位，而小医院都淘汰了以后，社会上只剩下大医院，那么对于人民群众来说是不是更有利？还有就是，对于那些因为这种应用而可能面临失业的医生来说，有没有人考虑他们的利益，给予培训和转岗方面的必要救济。我讲的这些思考、分析和探讨就是伦理审计，其关键就是通过对行动者网络的揭示，把技术背后的人和利益找出来。

第五种武器：非对抗性的伦理策略与信任再造

什么叫非对抗性？就是要对新技术的过程和后果进行一种理性的分析、反思和行动。就信息技术而言，它的产生就

技术有病，我没药

是为了克服控制的危机而推动的控制革命。信息与数字技术的发展带来了很多便利和创新，但生活中每一个人都有一种焦虑。都是什么样的焦虑？就是在这个信息和智能社会中，人们越来越多地被技术管理。

以前的社会管理比较简单，主要是由门卫或者是街道带红袖箍的老太太这些人管。但是将来，我们会越来越多地面对看不到的人的管理或看不到人的治理。这种管理和治理的普遍应用，难免导致所谓的**机器官僚主义或数字官僚主义**，比方说如果你没有智能手机、没有健康码、不会相关操作，就有可能受到排斥，会遇到各种不应有的不便。面对这样的情况怎么办？非对抗性的伦理策略就是，我们既不拒绝技术，又不简单地停留于对技术的批判，而是不徐不疾，拿出耐心和韧性，傻傻地跟它缠斗。

比方说，现在很多算法，用于各种依据数据进行的决策，但从一般的评估模型到深度学习，算法作出决策的过程往往如同一个黑箱，不会或不能合理解释它作出决策的理由。这种算法黑箱影响到人们对智能技术本身的信任，为了使人信任算法，就要打破黑箱，让机器的智能决策和行为变为可解释的，发展可解释的人工智能。

如何实现可解释的人工智能呢？有一种方法是引入反事

实条件解释。什么是反事实条件解释，举个例子，如果要解释我为什么没有被某个公司录用，可以指出其原因是我不满足条件 A——而另一个其他条件跟我一样且满足 A 的人被录取了。还有在用智能算法决定不给你贷款的时候，也可以通过反事实条件解释说明原因。

人工智能的发展要为社会广泛接受，需要构建一种机制，形成一个**从算法可解释转化为可信任的自动呈现过程**。为了提升人工智能的可解释性和可信度，研究人员开始在算法等人工智能应用中引入自我解释。根据"谷歌大脑"研究员蔡嘉莉（Carrie Cai）团队的研究，不同的解释会让用户对算法能力作出不同的评价。

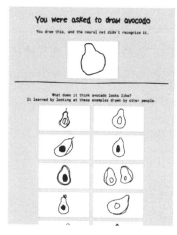
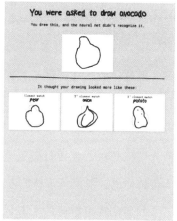

技术有病，我没药

在该研究中，研究人员向用户展示了一个用于识别手绘草图的人工神经网络 Quick Draw 的自我解释界面。为了说明机器学习算法为何无法识别一个手绘的牛油果草图，研究者让系统在显示界面上以图解的方式向用户呈现出两种解释。一种是上图左侧界面的"标准"解释，向用户展示了智能系统正确识别过的其他牛油果的图像。另一种是右边界面的"比较性"解释，向用户展示了类似形状物体的图像，比如梨或土豆。接受标准解释的用户感觉人工神经网络更为可信，接受比较性解释的用户则认为这种人工神经网络虽然存在局限性，但更有"亲和力"。不论是哪种自我解释，都有助于用户认识智能系统的能力，看到机器智能的限度乃至盲区。

第六种武器：弥合分歧的认知补偿与价值外推

什么叫弥合分歧？实际上就是我们在遇到一个不清楚的事情时，容易发生争执。有时候是因为信息少，但在很多情况下，信息并不少，依然莫衷一是。造成这些分歧的主要原因是，我们没有从"信息"的本质来理解它。

"information"这个词在主要译为"信息"之前，还有一个词叫"情报"。在信息时代，处理信息的首要原则，就是你不要做傻白甜，不要它说啥就是啥，而是它说任何一个东西，你都要打一个问号，要问一个为什么。这个叫作要做认知上的强者。什么叫作认知上的强者？就是**你要有情报意识，对各种信息学会有条理地、理性地怀疑，这样你就可以做认知上的强者。**

另外一个策略叫**价值解缠策略**。什么叫价值解缠策略？就是对于那些有争议的知识，要把价值与事实分开，特别是要学会拒斥那些不合常理的迷信和没有事实作为基础的知识。比如说，中医有五千年的传统了，中医很好，人们会因为中医独特的传统价值而相信中医。在这种情况下，应该按照中医的方法和原则，比方说望闻问切和辨证施治所进行的治疗活动，可以视为更可接受的。但是我们对于"神医"，只有夸大的价值而缺乏在中医自身体系内的可接受性，吹得再神，也不要管它。

同时，我们可以采取所谓的**价值外推的策略**。什么叫价值外推的策略？就是我们始终除了要站在个人、团体和族群的角度评价事物的好坏高低，还要站到整个人类社会乃至超越人类的角度来看问题，要学会站在不同的文化和从不同的未来愿景看待事物，学会相互理解。

第七种武器：智能化社会试验与未完成的伦理

面对智能化科技所带来的高度不确定的未来情景，**必须**

以伦理的智慧，确立创新的速度和限度，在颠覆性的创造和颠覆性的毁灭之间找到一个人类文明可以承受的界限。

尽管中国不一定在所有的领域处于领跑地位，但是在很多领域已经或将要跑在前面了，以前的科技伦理风险和问题都发生在发达国家，而现在越来越多地发生在我们身边，科技伦理问题对我们来说将变得越来越重要。所谓科技勇闯无人区，就意味着科技伦理必须与创新并行甚至要预先有所设计和考量。因为科技伦理是开放性的风险和挑战，**我们需要在思想上要构建一种价值的导航仪和伦理的反射弧**。

谈到伦理，难免涉及一些较高的价值诉求，比方说如何在人工智能时代寻找人的尊严。但也要看到，从古到今从来也没有一个道德完美的世界，没有一个道德的理想国。过去没有，现在没有，将来也不一定会有。那么，我们能够追求的是什么？就是尽量地减少伦理风险和负面问颢，尽量地减少科技应用对人造成的伤害。

基于此，我造了一个词，叫**伦理负债**，即现代以来，为发展科技付出的伦理代价。值得我们思考的是，科技时代人的行为和人的活动对于大自然和人自身有哪些伦理负债？科技的伦理负债不是笼统的，而是具体的，可能表现为人与人在技术活动中得失的鸿沟。比方说，很多网络平台、社交媒介以及智能应用的发展，因为缺乏伦理考量、设计和审计，普遍存在着在用户不知情的情况下搜集和滥用用户数据的现象，难免以侵犯个人隐私和损害个人权益为代价。我们应该思考的是，这些科技的应用可能可以减少伦理负债，要让技术开发者和技术应用的主导者意识到，科技造成的伦理负债将可能导致普通用户对科技的不信任，影响科技的长远进步。

科技带来的伦理负债除了会导致各种可见或可衡量的负面影响之外，还会对人的意志和愿景造成颠覆性的影响。对此，如果说人们希望在人工智能时代保持作为人的尊严的话，需要警惕两种会影响到人之为人的志气的倾向。

其一，要彻底摆脱普罗米修斯的羞愧。什么叫普罗米修斯的羞愧？普罗米修斯是盗来天火、给人类带来技术的神。**普罗米修斯的羞愧是什么？就是现在人们在机器面前越来越有一种自愧不如的羞愧。**比如，我们计算没有计算机准，眼睛没有望远镜看得远，认路不如手机导航，就算识别人脸也赶不上机器，等等。实际上，人们并不需要也不应该有这样的羞愧，为什么？因为机器再厉害，它是人类创造出来的。

其二，要抛弃第四连续或者是奇点临近的"鬼话"。所谓第四连续也就是弗洛里迪所说的第四次革命，它其实是对科技对人及其外在世界的关系的影响的概括，是某种后见之

技术有病，我没药

明。其中，第一次是所谓哥白尼连续或革命，打破了地球与其他宇宙天体之间的差异性，使得人们认识到，地球并不特殊，而与宇宙连为一体。第二次连续是达尔文革命，指出人和猴子是连在一起。第三次连续是弗洛伊德革命，说理性和非理性是连为一体的。

那么，第四次连续可以说是控制论革命，弗洛里迪强调的是智能革命或图灵革命。其大意是**人和机器要连为一体，人和机器合二为一**。但在这种连续与合一发展到奇点临近之类的后人类思想时，似乎意味着人应该被淘汰，不论是否情愿，最终要为机器的达尔文式进化让路。也就是说，**机器会战胜人类，机器会统治人类，**我觉得这些不是"人话"而是"鬼话"。

新中华未来主义的两条基本路线

那么我们怎么办，网上有一个讲述中国人拥抱数字技术等新兴科技的视频，冠以所谓的**中华未来主义**，大意是说，面对新兴科技，中国人在勇敢地往前冲，不管它所带来的代价，包括伦理问题、道德问题等。如果那么在乎其中可能存在的偏见，单从文化批判的角度来看，有很多地方值得进一步探讨。

实际上，其启示在于，现在我们需要一种新中华未来主义。新中华未来主义是什么样子？我认为有两条基本路线。

第一，**自主赋能与自强不息的君子之道。**这个君子不一定是什么儒家的君子，而是我们现代中国人意义上的君子。应该相信，我们现在的文化总体上远远比古老的文化要辉煌灿烂，不能活在辉煌的过去的阴影里，要有这个自信。

第二，**自发自助与兼爱共生的义夫之道。**在墨翟和公输般的攻防战中，墨子搞了一些兵棋演绎，说不论你怎么进攻，我都可以防卫。墨子实际是一个早期的自助自发的群体主义的倡导者和实践者，并且在不同的区域和社群之间去做联结。在联结的过程中，他们很讲究役夫之道，役夫就是贩夫走卒。在现在看来，所谓役夫之道，就是要站在普通人的角度来思考问题，调动他们的能动性和创造性。

寻找自由女神像之旅

最后，我给大家分享一点我个人的独有的经历，这是2018 年我在纽约期间寻找自由女神像的故事。当时已经是傍晚，我按照手机地图上的路线规划，从纽约坐了地铁，去看自由女神像。有趣的是，下了地铁以后，天已经黑了，我独自在空无一人的道路上走了一个多小时，才走到岸边看到远处一个岛上的自由女神像，在手机拍下的照片上只留下些模糊的光点。

我们再来看下面这两张图片。在左边这张由安迪·沃霍尔的波普艺术作品中，自由女神看起来很宏大。但是我在纽约发现的女神却是华尔街的铜牛像对面的这个小女孩。这个小女孩在干什么呢？她勇敢地插着腰，代表中小股民斥责华尔街的牛。而我就是希望我们像墨子一样，站在贩夫走卒的那边，站在牛的对面，跟这个勇敢的小姑娘，也就是我所找到的"自由女神"站在一起。

虚拟生活的自我伦理

重新认识自己：
在技术之力与伦理校勘中找寻自我
——评《信息文明的伦理基础》

闫宏秀

　　智能技术的泛在性与深度渗透一方面是人类智慧的表征，另一方面却又让人类对自己的智慧表示担忧。当今技术的发展迫使我们需要仔细思考我们该如何有智慧地活下去，避免文明的脆断与自我的迷失。恰如段伟文教授在《信息文明的伦理基础》一书的跋中所写："今天我们如何认识这个世界并进行价值对话？"这种对话至少满足我们有对话能力和该对话是有价值的两个基本条件。也就是说，进行这种对话的前提条件就是我们还知道我们是谁以及我们还有能力思考我们是谁，这个对话的过程是我们在厘清自己是谁，这个对话的结果是我们想谋划或规划一下我们自己应该是谁，并且这种谋划或规划是有价值的。从本质上讲，这种对话就是技术时代的人类在技术之力与伦理校勘的双重驱动下找寻自己。

技术之力：认识自己的新场景

我们的文明与技术息息相关，如工业文明、信息文明；我们甚至用技术来划定时代，如旧石器时代、新石器时代、青铜器时代、计算机时代、智能时代等。技术不仅仅是作为工具进入人类社会，更是作为人类生存的方式进入对人的塑形之中。在技术与人的互动之中，技术之力在构成人类生存场景的过程中，开启了人类认识自己的新场景。

当技术以族群或者汇聚的形式出现时，一项新技术的介入可能会引发某种境况。"随着互联网、电子商务和社交新媒体的出现，接上大数据这个自来水龙头之后，这一曾经独孤求败的屠龙刀才有了用武之地。"反观这一具有极强画面感的表述，在大数据技术自来水水龙头的助力下，智能社会如虎添翼。但若因这个水龙头失灵而水漫金山，当数据洪流带着泥沙砸过来，且这些数据还是智能的，那人类该怎么办呢？

在技术之力面前，人类应该保有自己的独特判断力。在日常生活中，我们会在人与技术的博弈中彰显一下自身的智慧。如，在从 A 地到 B 地的过程中，我们会借助导航系统，并通过自己的判断进行取舍，智慧地选取最优化的方案。这种取舍貌似是人类智慧的主场，事实上是我们在人与技术的共融场景下，用自己的智慧与技术之力进行某种平衡，若我们还可以平衡的话。换句话说在智能时代这样一个新的技术语境下，我们力图给自己留出有用的空间。那么，怎么留出空间呢？

"在走向智能社会的开端，人应该回归人类最古老的智慧——不仅承认自己的无知，而且时刻与对世界的'真相'的全盘揭示保持一定的距离，给人们反思自我和对前瞻未来留下微妙而必要的缝隙。"从这句话，我们可以看出作者一方面说出了留出空间的一个必要条件是——人类要承认自己无知；另一方面作者所言的"保持一定的距离"则给读者留出了足够的想象空间。这个缝隙有多宽？距离是又多少呢？若是零距离，又该如何呢？但无论如何，作者在提醒我们，智能时代我们该重新认识我们自己。那么，该如何认识呢？

该如何认识自己？

认识自己作为一直萦绕人类的问题，也是一个恒久却又常新的问题。这绝非易事，康德关于人的四个哲学追问——我能认识什么、我应当做什么、我能期望什么、人是什么——一直是哲学界长期思考的话题。在智能时代，信息与数据的暗流中，这个问题更加魔幻。当今，我该如何认识我自己呢？

通过数据透视我自己，在数据与我的认知之间进行认识自己之旅。书中通过权力宰制、自我幻象、数码焦虑、虚实莫辨、信息沉溺等新技术带来了自我认识中的无根基的信息化身份认同，并形成另一个它视角的自我。曾经有《闻香识女人》，现在呢，是不是可以依数据识人？手机数据是不是助推了对自己的认知？打开手机，看看自己的体重曲线、走路步数、睡眠指数等各种数据指标，我们可以开启对自己的健康认知，再进入对自己的全方面认知等。从中可看出，在某种程度上，是技术让我认识自己。

就在技术开启自我认知的过程中，另一个问题相伴而至。这个问题是**认识的是哪个自己**。且不说，整容或人类增强后的自己，我们在人工智能时代，通过数据透镜认识的是肉身、数据人，抑或身体联网的人？在书中，作者对人给出了多种画像。当下数据处理的默认状态或者缺省值是记录，那么，会依据时间轴形成一个自我的描述。这个描述可以说是另一个数据自我与我的博弈，是一种平行式的生活，多出了一个平行的我。但事实，多元自我非但不太可能带来自我的统一，反而更可能导致自我的分裂。

伦理校勘是否可以让我们还能认识自己？

英国皇家学会前会长、著名天文学家、剑桥大学的马丁·里斯认为：每一项创新确实在一开始都蕴含着不确定性，都与风险相伴，甚至可能是一种冒险。也正是因为科学技术自身的不确定性，使得伦理的维度被视为科学技术发展的一个重要因素。在技术时代，伦理校勘真的可以守护我们的本质吗？

书中坦言："一般而言，针对科技应用和研究的完整的规制体系主要包括技术标准、伦理规范和法律规定三个层面。但鉴于虚拟现实属于新兴科技，客观上具有技术超前和法律之后的特征，则使得伦理规范成为规制体系的关键环节，一方面追赶技术发展，使伦理规范嵌入技术标准，并与之相互整合，以实现负责任的研究与创新，另一方面为后续法律规定划定价值底线与权益边界。"所以，在对于我们还能认识自己的回答中，我们需要伦理智慧，但这并不意味着伦理智慧

技术有病，我没药

是破解该问题的唯一方式。

　　面对技术之力的无处不在,《信息文明的伦理基础》将技术之力以哲学的视角呈现出来，在这种呈现中，自我的迷失也迎面而来。毫无疑问，人类不愿意迷失。因此，技术的发展过程，事实上也是人类自我认识与自我表达的一个过程，而伦理校勘的恰恰是在让人类在这个过程中找寻自我。

以柔克刚：
以伦理建构的方式对抗技术理性

——评段伟文研究员《信息文明的伦理基础》

杨庆峰

　　面对现代技术对于生活世界的控制，我们该如何应对？最近，"信息文明的哲学研究"丛书（王站、成素梅主编）的推出对这一问题给予了整体式回应。信息哲学家段伟文的《信息文明的伦理基础》（以下简称《基础》）更是呈现了以信息伦理反射弧为基本概念的伦理思考理路。这一思考本质上是一种柔性的接纳，因此产生了奇特的"绕指柔"效果。"何意百炼钢，化为绕指柔"，作者的思考恰恰展现了这样一个过程。从著作整体架构来看，作者指向了信息空间、大数据知识、人类深度智能化等技术形式，借助现象学反思、借助伦理学等哲学工具展开了深挖和批判，为不臣服于技术逻辑而展开运思。在这种严肃概念思维分析的背后，透露着一种道德柔情。即便面对技术理性的跋扈，也更多是想到美好的一面。

一、《基础》一书所提的问题

《基础》一书提出了两个首尾呼应的问题。在开头，作者提出了如何使得我们不臣服于技术变迁逻辑的问题。"人类必须作出的终极价值抉择是，在创新使得世界不再是过往的世界，我们不复是从前的我们时，如何使人性依然可以在框定技术前行的方向，而不是臣服于技术变迁的逻辑。"（p.1）作者已然清晰地看到一个变化：创新驱动的时代，过去的世界已然过去、过去的我们不复存在。从时代看，我们的时代发生着翻天覆地的变化，仅仅从交通方式来看，车马行走变成了高铁飞机，甚至人们期盼着未来的瞬时传送的方式。这个时代以加速和空间拉近开启了变成地球村的节奏；从人的存在来看，我们已悄然发生了变化。这种变化以进化的方式呈现出来。"我们"从非洲走出来，然后变成了地球的主人，从偶然地借助天火，到现在可以自由地控制化学燃烧反应。在这个过程中，我们经历了什么？服从于技术逻辑。以计算机芯片来说，始终在摩尔定律的框架中前行。但是，人类的发展却不止于此，随着人工智能的发展，摩尔定律失效了，人们可以掌控技术逻辑的发展。这一问题隐隐显示出作者力图在人类与技术逻辑和技术世界之间的关系中找到一种平衡。

在结尾，作者更是提到了当前新冠疫情这一重大危机带来的一个启示："信息化与智能化昭示了无止境的科技未来，但是人们必须认真思考如何应对文明脆断的可能？"这一问题的提出，让我们仿佛听到了文明发展之树枝在技术冲击下发出的脆断之声。我们该如何看待文明脆断的可能性，这是这一问题的意义所在。在自然发展过程中，灾难性遗忘总是不可避免的，比如个体记忆消退和被删除后导致的灾难性后果、人类文明在全球化冲击下已经遭遇的断裂。这两个问题的提出很尖锐地指向了人与技术的关系，技术逻辑导致了人类文明的脆断可能性。我们把这两个问题统称为技术理性问题，而反思者真正要面对的问题是如何对抗技术理性的无边蔓延。

二、上述问题的实质

"控制的危机"是作者 2017 年曾经提到的问题。"技术

技术有病，我没药

变迁的逻辑"则是《基础》对于整个技术危机本质的诊断。"凭借法力无边的机器智能，过去和现在已经不能满足技术无与伦比的控制力量，计算的洪流在未来已来的鼓点种入侵未来。"（p.2）这一问题有哲学上的依据。"思"需要做的就是对抗技术化的控制，而反抗的根本是思考现代技术与理性的关系。按照海德格尔的说法，现代技术是现代性的极致形式，这道出了现代技术与理性之间就是一种内在的等同关系。哲学家们对于现代技术的控制本质已经给出了不同层面的反思，比如黑格尔将现代技术看作精神外化的形式之一；海德格尔指出现代技术的本质是座架，这一观念是形而上的直接指向存在显示形式。技术的控制也是理性的控制，二者的同一是哲学家带给我们的重要观念。所以，从哲学史的角度看，反思理性运行成为最为关键的事情。在这一基础上，对理性极致代表形式的技术进行反思就成为应有之义。

再回到《基础》书中，作者提出的"信息伦理构建"是反思理性的一种重要形式了。这一反思严格地说属于理性内在的反思，也就是通过伦理形式来反思理性自身。在其整个文本七章内容里面，有五章直接展现了这种伦理反思的不同对象。比如，在第二章展现的是对知识理性的信息伦理反思、第四章是对技术理性的伦理反思、第六章和第七章是对数据理性和智能理性的伦理反思构建。在整个逻辑中，贯穿着两条线：一是理性形式的变迁，从知识到技术，技术又表现为从信息到数据和智能的变迁，这可以与人类科技的四次革命变迁形成呼应。二是伦理向度的彰显与伦理边界的构建，以反射弧为发端的伦理构建。

在诸多技术形式中，信息网络空间引起了笔者的极大兴趣。为了对抗这一理性形式，作者采用了现象学的阐述方法，重点揭示了信息网络空间的三个基本向度：对象性、意向性和交互性。在信息技术与信息经济叙事中，采取的就是将空间看作容纳并处理对象的场所；从现象学角度看，信息网络空间是一种生长性的人的意向空间。（p.38）信息网络空间是一种实时的重叠共识。通过层层剖析，信息网络空间的结构完全透明。这一章与第五章，伦理向度似乎向内收敛起来，信息网络空间自身的向度与大数据认知与社会历史维度的构建成为最后落点。

三、伦理构建的总体商榷

对于伦理内在的反思来说，其不是一种激烈的对抗，而是显示着绕指柔的意象特征。作者尽管采取了不同的分析工

　　　　　　　　　　　　技术有病，我没药

具，这些工具中和适用，长于揭示问题，而批判性较弱。主要通过两个方面表现出来。

1. 不臣服于技术变迁的逻辑。对于技术逻辑的本质揭示，我们看到的是一种充满激情的抨击。"数据对人的行为的绝对理解使一种永远不可能实现的幻术，巨量的大数据实验所捕捉到的不是鲜活的人类生活，而是由数据废气构造的世界的僵尸版本。"（p.16）这显示了一种理工科出身学者的情怀。但是，激情过后，那种理性的对抗并没有保留下来。我们看到的不是一种建构式的态度，而是一种否定式的表达："不臣服于技术变迁的逻辑。""不"与"臣服于"充分地显示了这种态度。根据一般写作的规律，引论一般都是在最后写就。《基础》的引论、余论和跋的内容均发表于2020年以后。最终，鲜明的批判最后停留在"不臣服"的否定性表达上。

2. 柔性规范。技术神话其实质使旷日持久和规模不断拓展的社会伦理实验。以往的道德规范难以应对，"只能在其技术实践和体验中，逐渐构建起相应的伦理反射弧，进而试图在各种柔性规范的基础上，制定刚性的和可执行的法律规范"（p.3）。在作者这里，伦理反射弧始终是柔性规范，有别于刚性的法律规范，其作用更多是说服和感化。

最后，回到最初的问题：用什么样的方式对抗技术理性？就对抗而言，我们终究还是会想到一个关键的人物——利科。他选择了记忆作为对抗理性傲慢的工具。"记忆现象，和我们如此紧密地联系在一起，最为顽强地抵抗着彻底反思的傲慢。"与之相比，记忆是对理性的对抗与拯救。而相比之下，伦理的方式始终是柔性的和充满关怀的，从本质上看，伦理内在地同一于理性，而且尚需要法律的补救。从根本上来看，《基础》并不是对抗意义上的著作，因为思想的刚性经过百次锤炼已然演化为实践的柔性，显示出其独特的道德柔情。

在无知中缠斗

刘永谋

    书快结尾的时候，段伟文写道："耐人寻味的是，智能化时代人类最需要的不再是知识论而是无知学，即人们迫切需要了解的是怎样在无知的情况下作出恰当的决策。"这句话提纲挈领地总结了信息时代人的命运和行动的根本特征：无知。

    在某种意义上说，知识面向的是过去：当某人、某物或某事成其之所是，才能谈论知道它们的"什么"。比如评论曹操是枭雄，或者认定地球上的重力加速度是 9.8 m/s^2，必须以过去的经验为基础。一旦转向未来，无知就会包围我们。所有对"未来"的想法都是从"过去"的推断，其中关键在于：未来与过去仍旧相同，或者说，世界是规则的。但是，规则律是一种形而上学的信仰，无法得到科学证明，比如 9.8 m/s^2 重力加速度在未来可能变化。即使万有引力定律的非时间性，严格说也不能完全确定，世界演化到新阶段时它存在崩溃的可能性。

当人们欢呼信息社会到来，绝大多数人没有意识到自己迎接的是一个全新的无知文明。1946 年第一台电子计算机问世，1969 年作为互联网基础的阿帕网建成，之后赛博空间和电子信息暴涨，表面上知晓很多闻所未闻的"奇怪"知识，却发现它们却并没有让我们对于如何行动或选择有多少实质性的帮助。到智能革命方兴未艾之时，人类手足无措的处境已更加凸显：我们甚至不知道机器人会不会灭绝人类，同时又被技术—资本的强大逻辑推动着向"无知之境"狂奔。

实际上，不光 AI 技术，其他新科技如纳米科技、基因工程和人体增强等，都带有强烈的未知性。为什么呢？以往知识的目标是解释和理解过去，用来"知道"，现在知识的目标是预测和控制未来，用来"治理"。当代新科技使得整个社会日益深度科技化，正如工业革命以来不能容忍作为荒野的自然，人类今日不再能容忍偶然和无规律的社会。显然，消除对社会的未知，最好的办法是设计和规划社会，包括设计和规划组成社会的每一个个体。

诡吊的是，对无知的痛恨没有消灭它，相反使得无知疯长。从本质上讲，信息文明试图建构敏锐而有力的社会神经系统，智能文明试图在此基础上加上强大的反馈运动系统。旧时代的知识世界是理想化的世界，人类满足于在概念中应付世界；而新时代的无知世界是真实的世界，人类用大数据、全数据、长数据来替换物理世界。结果却如苏格拉底早已指出的：知道得越多，必定未知更多。

"无知的世界"便是《信息文明的伦理基础》尝试仔细描述的、我们身处其中的当代社会历史境遇，亦可称之为"数字幻术"的世界："数据对人的行为的绝对理解是一种永远不可能实现的幻术，巨量的大数据实验所捕捉到的不是鲜活的人类生活，而是由数据废气构造的世界的僵尸版本。"

段伟文首先追溯信息网络空间的缘起，并归结出它的三个基本向度：对象性、意向性和交互性。就对象性而言，网络世界已经成为海德格尔笔下笼罩一切的"座架"，万事万物都被编码为波普尔所称的"世界3"，即客观知识的世界，最终塑成虚拟资本主义的新边疆。就意向性而言，网络世界不仅仅是容纳野蛮生长的信息之巨大容器，而且成为"一种生长性的人（此在）的意向空间"。就交互性而言，段伟文总结人们在赛博空间"共在"的三个特点：（1）复制，在网上对原本与复本的区分意义不大；（2）虚拟，所有网上在场都是虚拟的；（3）出位，大家既在网上又不在网上，在线和离线不过在一念之间。

接着，《信息文明的伦理基础》分析网络空间中的两个基本理论问题，即网络空间的知识权力结构及个人在网上的生存状况。网络的知识权力结构可以总结为一种动态的双螺旋构造，即相互作用的"技术螺旋"与"市场螺旋"。技术螺旋的动力是信息过载：信息过载导致技术改进，技术改进又使得传播内容和速度大为增加。市场螺旋的动力是价值：网络用户数量增加，整个网络的市场价值不断增加，反过来吸引更多的用户。在双螺旋运动中，网络知识权力空间得以急速扩展，个体在其中面对着异化和沉沦的巨大风险，比如权力宰制、自我幻象、数码焦虑、虚实莫辩和信息沉溺等。

在书的后面部分，段伟文集中对虚拟现实、大数据和人工智能等信息与通信技术（ICT）最重要的组成部分进行专门论述，讨论它们面对的伦理问题和应对问题可能采取伦理策略。他认为，信息理论的主旨是"克服由信息资源占有的不对称所可能导致的负面效应，同时使信息行动者在信息生

技术有病，我没药

态共生中获得更大的福祉"，因而信息伦理机制构建的主要环节是"从信息生态的整体视角出发，寻求信息权利的合理分配机制"。信息文明的伦理构建无法一劳永逸，而是不断处于变化、调适和再平衡的动态发展之中。

因此，在段伟文看来，这将是一场无休无止的缠斗或争胜，此即他所谓的"伦理反射弧"的实质。缠斗不是敌对，前者是非对抗性的。以信息平等为核心的网络伦理秩序，总是充斥着权力实践和反权力的挑战，权力与反权力不可根除，无时无刻不弥散于赛博空间的每一个角落。缠斗的双方并非敌人，而是争胜的对手，一边缠斗又一边承认大家属于共同的赛博联合体。

在我看来，缠斗是介于过去与未来、已知与未知之间的"当下"的必然选择。活在当下，乃是活在"半懂不懂"或者"不懂装懂"之中。我们转向未来，但无知学尚未建立，只能是适度地有节制缠斗：既不甘于过去拘泥现状，又不愿意未来陷入残忍甚至毁灭。所以，缠斗本质上是一种审慎生活或生存之创造。

说老实话，"伦理反射弧"并不能让人满意，但是考虑到创造之复杂和困难，很难给出更为详细的理论刻画，暂且接受段伟文的这种说法。网络空间存在沦为"僵尸世界"的风险，可以批评数据主义、算法权力和"控制革命"，但无论如何，赛博空间中的创造活动时时都在发生，人人都在参与，并且永远不会停息。换言之，不能否认，网络空间是当代世界最有生命力的组成部分。

本书是国家社科基金重大项目"当代新兴增强技术前沿的人文主义哲学研究"（20&ZD045）、国家社科基金重大项目"智能革命与人类深度科技化前景的哲学研究"（17ZDA028）阶段性成果

图书在版编目（CIP）数据

技术有病，我没药 / 杨庆峰等著 . —上海：上海
三联书店，2021.6
ISBN 978-7-5426-7409-8

Ⅰ.①技… Ⅱ.①杨… Ⅲ.①技术哲学—普及读物
Ⅳ.① N02-49

中国版本图书馆 CIP 数据核字（2021）第 073677 号

技术有病，我没药

著　者 / 杨庆峰　闫宏秀　段伟文　刘永谋

责任编辑 / 吴　慧
装帧设计 / 人马艺术设计·储平
监　制 / 姚　军
责任校对 / 王凌霄

出版发行 / 上海三联书店
　　　　　（200030）中国上海市漕溪北路 331 号 A 座 6 楼
邮购电话 / 021-22895540
印　刷 / 上海惠敦印务科技有限公司

版　次 / 2021 年 6 月第 1 版
印　次 / 2021 年 6 月第 1 次印刷
开　本 / 889×1194　1/32
字　数 / 140 千字
印　张 / 8.75
书　号 / ISBN 978-7-5426-7409-8/N·20
定　价 / 42.00 元

敬启读者，如发现本书有印装质量问题，请与印刷厂联系 021-63779028